LUGARES DE INTERÉS GEOLÓGICO
DE
COSTA QUEBRADA
GEOPARQUE MUNDIAL DE LA UNESCO

LUGARES DE INTERÉS GEOLÓGICO
DE
COSTA QUEBRADA
GEOPARQUE MUNDIAL DE LA UNESCO

V. Bruschi y M. Á. Sánchez Carro

Ediciones
Universidad
Cantabria

Bruschi, Viola María, autor
   Lugares de interés geológico de Costa Quebrada : Geoparque Mundial de la UNESCO / V. Bruschi y M. Á. Sánchez Carro. – Santander : Editorial de la Universidad de Cantabria, [D.L. 2026]
   68 páginas : ilustraciones ; 17 x 24 cm. – (Difunde ; 283)

   D.L. SA-58-2026. – ISBN 978-84-19897-41-1

   1. Geología-España-Cantabria. I. Sánchez Carro, Miguel Á., autor

   551(460.13)

THEMA: RGB, 1DSE-ES-F

Esta obra ha sido sometida a evaluación externa por pares ciegos, aprobada por el Comité Científico y ratificado por el Consejo Editorial de acuerdo con el Reglamento de la Editorial de la Universidad de Cantabria.

© V. Bruschi [Universidad de Cantabria], ORCID: https://orcid.org/0000-0001-8641-683X
   M. Á. Sánchez Carro [Universidad de Cantabria], ORCID: https://orcid.org/0000-0001-7805-6934

© Editorial de la Universidad de Cantabria

   Edificio Tres Torres, Torre C, planta -1
   Avda. Los Castros, s/n. 39005 Santander
   Teléf.: +34 942 201 087
   ISNI: 0000 0005 0686 0180
   www.editorial.unican.es

ISBN: 978-84-19897-41-1 (RÚSTICA)
DL: SA 58-2026
ISBN: 978-84-19897-42-8 (PDF)
DOI: https://doi.org/10.22429/Euc2026.004

Imprime: Kadmos
Impreso en España. *Printed in Spain*

SUMARIO

INTRODUCCIÓN

Esta sencilla guía se elabora con el fin de dar a conocer los elementos geológicos más relevantes del territorio de Costa Quebrada declarado Geoparque Mundial de la UNESCO por el Consejo Ejecutivo de la UNESCO, el 17 de abril de 2025.

A lo largo del año 2024 se ha llevado a cabo un proyecto de investigación denominado *PAGRESO - El Patrimonio Geológico como Recurso para la Sociedad,* gracias a la subvención de la Dirección General de Universidades, Investigación y Transferencia, de la Consejería de Universidades, Igualdad, Cultura y Deporte, para el fomento de la Investigación y la Transferencia del Conocimiento (I+T) en la Comunidad Autónoma de Cantabria.

El objetivo principal del estudio fue la elaboración del Inventario de Lugares de Interés Geológico (LIG) del Geoparque Costa Quebrada, con el objetivo de conocer el valor científico, didáctico y turístico de cada uno de ellos, así como su susceptibilidad y riesgo de degradación natural y antrópica, además de la fragilidad y vulnerabilidad, con el fin de definir estrategias de gestión del Patrimonio Geológico del Geoparque, para su correcta protección y conservación. Para ello, se han recopilado todos los datos necesarios y establecidos en el procedimiento para la elaboración del Inventario de Lugares de Interés Geológico, definido por el Instituto Geológico y Minero de España.

El inventario comprende 52 LIG, para los cuales se ha elaborado una base de datos en un entorno SIG (Sistema de Información Geográfica) y en la cual se han incluido todos los parámetros para la descripción y valoración de cada uno de ellos.

Si analizamos los LIG considerando el principal interés desde el punto de vista de las ramas fundamentales de la Ciencias Geológicas, podemos observar cómo el 4 % de los LIG tiene un interés Mineralógico, un 14 % un interés Tectónico, un 27 % un interés Paleontológico y Estratigráfico, y que el 55 % tiene un interés Geomorfológico, siendo este último el carácter distintivo del Geoparque Mundial de la UNESCO de Costa Quebrada.

Resumiendo, los resultados obtenidos desde el estudio, sin entrar en detalle en el mismo, indican que más del 30 % de los LIG del Geoparque tienen un elevado valor científico y que, debido a las muy buenas condiciones de observación y de accesibilidad, tanto su interés didáctico, como turístico/recreativo alcanzan valores muy elevados.

Estos datos sugieren el significativo potencial de uso de estos LIG para la divulgación y educación, en los diferentes grados de enseñanza, así como recurso turístico y recreativo y, por lo tanto, la necesidad de implantar importantes estrategias de uso y gestión para su conservación y protección.

En los sucesivos apartados se proporciona una descripción de los principales Lugares de Interés Geológico del Geoparque Costa Quebrada a través de la ilustración de los lugares más emblemáticos. El objetivo es proporcionar al lector un documento que ayude y facilite la compresión de los principales acontecimientos geológicos que han generado el paisaje del geoparque, de la evolución del mismo y de los procesos naturales que afectan a nuestra actividad diaria.

Con el objeto de proteger y conservar los lugares de interés geológico más frágiles y sensibles esta guía omite la localización y descripción detallada de los elementos de interés paleontológico y estratigráfico.

BREVE HISTORIA GEOLÓGICA DE COSTA QUEBRADA, GEOPARQUE MUNDIAL DE LA UNESCO

La historia geológica del Geoparque Costa Quebrada está marcada por tres conjuntos de procesos: fluctuaciones del nivel del mar como consecuencia de variaciones climáticas, movimientos litostáticos que han provocado el levantamiento y hundimiento de la corteza continental y los efectos de la orogenia Alpina durante la formación de la Cordillera Cantábrica y los Pirineos plegando y deformando las rocas.

Antes de entrar en detalle en la sucesión de eventos y procesos geológicos que dieron lugar a las rocas y formas del paisaje del Geoparque, se considera oportuno proporcionar algunas nociones muy generales que, a juicio de los autores, faciliten la comprensión, sobre todo para los lectores más alejado de la geología. Estas nociones serán explicadas evitando en la medida de lo posible la utilización de tecnicismos y usando un lenguaje asequible para los interesados, sea cual sea su nivel de formación y conocimiento geológico.

En general, las rocas que constituyen el Geoparque son de tipo sedimentario, es decir que se han formado por acumulación y posterior compactación de sedimentos (por ejemplo, arenas, arcillas y limos), por acumulación de restos de organismos y por el precipitado de minerales disueltos presentes en el agua del mar. Por lo tanto, el origen de estos sedimentos puede ser bastante variado y relacionado con las condiciones paleoambientales existentes en cada momento a lo largo de la historia geológica del Geoparque.

De forma muy general, el tamaño de las partículas que constituye los sedimentos, y por lo tanto el tipo de roca, está relacionado con la energía del ambiente de sedimentación: cuanto más fino sea el tamaño del sedimento (arcillas, por ejemplo) tanto más tranquilo tendrá que ser el ambiente en el cual se deposite (marismas, estuarios, lagos, etc.).

Estas breves nociones proporcionan las bases para entender que la simple observación del tamaño de los granos que constituyen una roca, junto con características específicas, proporciona datos muy valiosos sobre el ambiente en el cual se depositaron los sedimentos, cuya posterior acumulación y compactación, dio lugar a la roca misma.

Por otro lado, hay que indicar que el depósito y compactación de los sedimentos se produce en zonas deprimidas del relieve (cuencas sedimentarias) y originalmente con una disposición en capas horizontales, con lo cual, si actualmente se puede observar que dichas capas no están dispuestas horizontalmente, debe interpretarse como el resultado de la acción de algún proceso geológico que ha modificado su disposición original y ha provocado su deformación.

En Geología se utiliza habitualmente un criterio cronológico para describir las formaciones y los procesos geológicos, siguiendo un orden desde lo más antiguo a lo más moderno. Por esa misma razón, cuando se analiza un mapa geológico, la leyenda está ordenada según los principales períodos geológicos, con los materiales más antiguos en la base y los más jóvenes en la parte superior de la misma.

El conjunto de rocas del Geoparque tiene una edad comprendida entre el Triásico (200 Ma) y el Paleógeno (30 Ma) aunque, no todos los períodos de ese intervalo de tiempo están representados.

Las rocas de Triásico, las más antiguas, se formaron en unas condiciones ambientales muy diferentes de las actuales. En ese período la Península Ibérica correspondía a con un conjunto de islas (macizos emergidos) rodeadas por zonas más deprimidas que periódicamente eran invadidas por el mar y en las cuales se depositaban los sedimentos generados por la erosión de los relieves existentes en aquel momento. En ese ambiente se depositaban sedimentos muy finos (arcillas) y carbonatos y, a causa de una intensa evaporación asociada a un clima muy cálido, precipitaban yesos y sales.

Estos sedimentos formaron las rocas que actualmente podemos observar al Oeste de la Bahía de Santander, en la zona de Parbayón, de Polanco y en la playa de Usgo.

El período Jurásico (200 Ma) se caracteriza por una subida del nivel del mar (transgresión marina) que mantiene a gran parte de la Península Ibérica sumergida en las aguas de un mar poco profundo y cálido. En esas condiciones, se depositan fangos y carbonatos que formarán rocas carbonatadas como calizas, dolomías y margas (todas ellas constituidas por carbonato cálcico, arcillas y mayores o menores proporciones de magnesio). Estas rocas son las que se pueden observar en los acantilados cerca de la playa de Usgo, de la Isla de Los Conejos y en algunos afloramientos muy pequeños en la zona de Camargo, Polanco y Parbayón.

Entre este periodo geológico y la mitad superior del Cretácico Inferior (130 Ma) en el Geoparque no es posible observar ninguna roca cuya edad corresponda a ese intervalo de tiempo, es decir que o no ha habido sedimentación o que lo que los sedimentos depositados fueron erosionados.

Con el Cretácico Inferior empieza una secuencia continua de materiales hasta el Paleógeno y que caracteriza la casi totalidad del Geoparque. A mediados del Cretácico Inferior se produce una elevación del continente y la consecuente retirada del mar que, asociado a unas condiciones climáticas muy lluviosas, generan una importante profundización de los principales ríos y consecuentemente a una fuerte erosión de los relieves existentes en la zona sur (Macizo Asturiano y la Meseta del Duero) y por lo tanto, a una importante acumulación de sedimentos de origen continental en la zonas más deprimidas.

Estos materiales corresponden a un conjunto de rocas de origen continental y que pertenecen a la que se define como Facies Weald, constituida por areniscas, lutitas y algo de calizas (estas últimas originadas en periodos puntuales de mar algo más profundo y de sedimentos más ricos en carbonatos). Estas rocas afloran en la zona de Revilla de Camargo, en toda la zona del sur del Geoparque, y en la zona de Usgo.

Posteriormente, durante el Aptiense (120-113 Ma) siguen las fluctuaciones relativas del nivel del mar y por lo tanto las variaciones de los ambientes de sedimentación, pasando de ambientes de transición (deltas y estuarios) y caracterizados por sedimentación terrígena (areniscas y calcarenitas), a ambientes marinos más profundo, con sedimentación de material más carbonatados (calizas). Estos materiales se pueden observar a la zona de la Playa de los Caballos, en Usgo y en Cuchía, así como en la zona noroeste de Santander.

El final del Aptiense (113 Ma) está caracterizado por la formación de grandes espesores de arrecifes muy similares a los que existen actualmente en mares cálidos, pero construidos por organismos como los Rudistas y Ostreidos muy diferentes de los actuales organismos constructores.

Estas calizas corresponden con las que constituyen la Punta del Dichoso (Suances), los Urros de Liencres, la Península de Somocueva, el sector norte de la península de La Magdalena, Peñacastillo y en la zona de Camargo, siendo en este último lugar donde actualmente son explotadas como rocas ornamentales (Piedra de Escobedo) y para la producción de áridos.

Posteriormente a este período tiene lugar una sedimentación de material terrígeno de origen continental y que cubre al conjunto arrecifal formado durante el Aptiense provocando su fosilización Estos materiales del período Albiense (113-100 Ma) están constituido por arenas, limos, arcillas con abundantes restos orgánicos, como ámbar, lignito y minerales como pirita, lo que sugiere un ambiente litoral de transición, pobre en oxígeno y de aguas muy tranquilas, como podría ser una zona pantanosa de estuarios y marismas. Estas rocas son las que actualmente afloran en la zona del Istmo de Somocueva, en la Playa del Camello y del Sardinero.

En el Cenomaniense (100-90 Ma, inicio del Cretácico Superior) el avance del mar (fase transgresiva) lleva a la cuenca de sedimentación a su máxima profundidad con la consecuente sedimentación de carbonatos que dieron lugar a las calcarenitas que constituyen los actuales acantilados entre La Arnía y Portío, el saliente de los Jardines de Piquío, o la zona interior de Suances, Tagle y Cudón. Estas rocas pertenecen a un conjunto que se denomina Formación Altamira, y que corresponden a las mismas rocas que afloran en el entorno de la Cueva de Altamira y en las que se desarrolla esta cavidad.

La paulatina profundización de la cuenca sedimentaria, y por lo tanto el avance de la fase transgresiva, prácticamente abarca desde el Albiense hasta el Campaniense (70 Ma), con ligeras pulsaciones del nivel del mar. Durante ese período se forma la alternancia de margas, calizas y calizas margosas que afloran en los acantilados desde Piquío hasta Cabo de Lata o desde la Ensenada de Portío hasta San Juan de La Canal.

El final del Cretácico (66 Ma) está caracterizado por un ambiente de aguas someras, cálidas y en momentos concretos con energía elevada, sedimentándose materiales carbonatados intercalados con niveles de areniscas que se pueden observar en La Picota o en San Juan de La Canal.

La transición entre el Cretácico Superior y el Paleógeno (Era Mesozoica y Era Cenozoica) se denomina límite K-Pg (anteriormente se denominaba límite K-T) y representa un momento de gran relevancia a escala mundial de la historia geológica del Planeta, marcado por la extinción de los dinosaurios y de la mayor parte de las especies que vivían en ese momento sobre la Tierra.

El evento, que la mayor parte de los autores consideran la principal causa de dicha extinción a nivel global, fue el impacto de un meteorito en el golfo de México que generó la emisión a la atmósfera de grandes cantidades de polvo en suspensión que a su vez provocó una drástica disminución de la cantidad de luz y de la temperatura sobre el planeta. El registro más importante de esa extinción está representado por una fina capa de arcilla caracterizada por con un contenido excepcionalmente elevado de iridio (un elemento químico abundante en los asteroides y meteoritos), que se ha identificado en diferentes partes del mundo, y cuya precisa datación ha permitido establecer de forma absoluta el límite entre el Cretácico Superior y el Paleógeno.

En el Geoparque de Costa Quebrada el límite K-Pg está ubicado en la zona de San Juan de La Canal y por otro lado en la zona de El Bocal. Los estudios realizados hasta la fecha no han podido identificar el nivel arcilloso rico en iridio.

Con el inicio del periodo geológico Paleógeno, época del Paleoceno, en el territorio domina un ambiente litoral de aguas cálida y poco profundas en las cuales se depositan de forma alternada carbonatos y materiales más grueso (arenas) procedentes de los relieves que bordean la cuenca. Producto de esta sedimentación es la alternancia de calizas y margas que se pueden observar en la zona de San Juan de La Canal o en el Bocal, y de margas y calcarenitas que afloran en el estuario de San Juan de La Canal y en la isla de La Virgen del Mar. Estas rocas son las más modernas del Geoparque y corresponden al Eoceno (33 Ma).

A partir de las calizas al entrar en contacto con fluidos hidrotermales ricos en elementos metálicos tiene lugar la transformación en dolomía que se puede diferenciar de la caliza por su coloración marrón/rojiza.

Durante los últimos millones de años, aproximadamente entre 40 y 20 Ma, tuvo lugar uno de los eventos tectónicos más importantes que afectaron al territorio del Geoparque y que además dio lugar a la formación de relieves como los Pirineos o la Cordillera Cantábrica: la Orogenia Alpina.

Durante ese largo período de tiempo, y debido a la colisión de la placa africana con la microplaca ibérica y la placa europea, todos los materiales que se fueron formando se vieron sujeto a un gran esfuerzo compresivo que causó su elevación, deformación y fracturación. El producto de este proceso fue la generación de un gran pliegue cóncavo que se denomina Sinclinal de Santillana-San Román y que define la estructura geológica más importante que domina el actual paisaje del Geoparque (Figura 1).

Si se presta atención al mapa geológico del Geoparque (Figura 2), se podrá observar la misma alternancia aproximada de colores (que corresponden a diferentes tipos de rocas y edades) que se observa en el esquema.

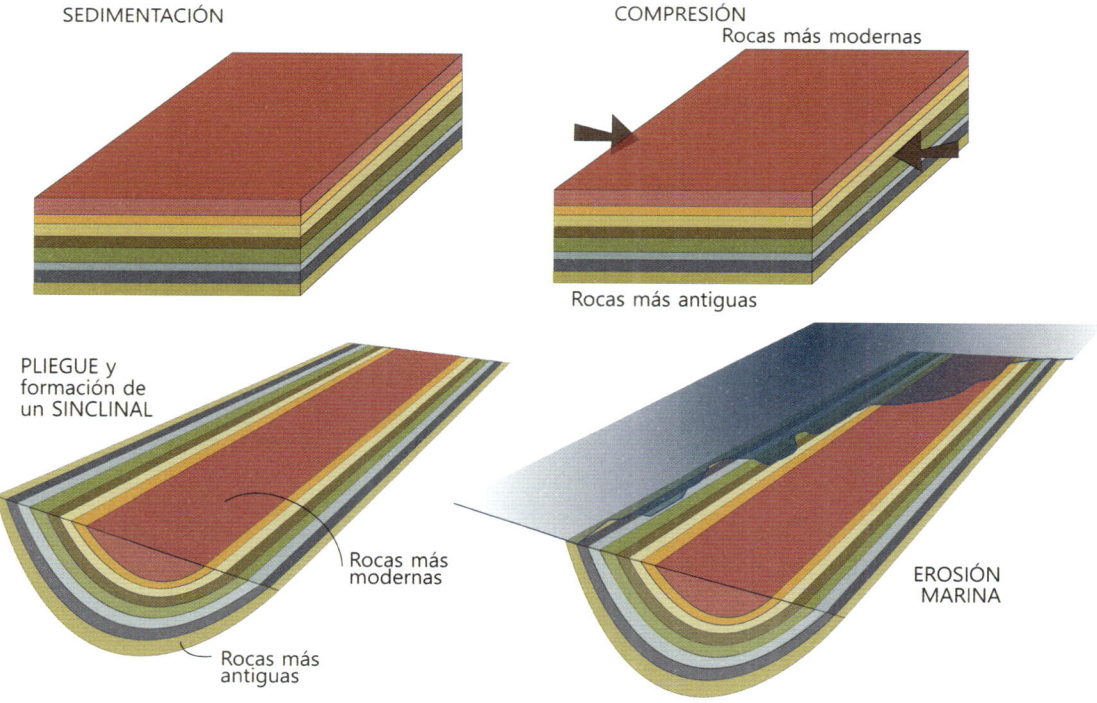

Figura 1. Esquema explicativo de la formación de un pliegue sinclinal.

La estructura que aquí se ha explicado es la razón por la cual, en la zona de la Virgen del Mar se observan las rocas más modernas del Geoparque (color rojizo en el esquema y en el mapa) y en la zona de Camargo, al sur de Piélagos, así como en la playa de Los Caballos, en la zona de Ubiarco y la Península de la Magdalena, se observarán las rocas más antiguas (color azul oscuro y marrón). Por esta misma razón y, debido al sinclinal, las rocas se repiten hacia el sur y hacia el norte con respecto a un eje central de simetría, que corresponde al eje del sinclinal.

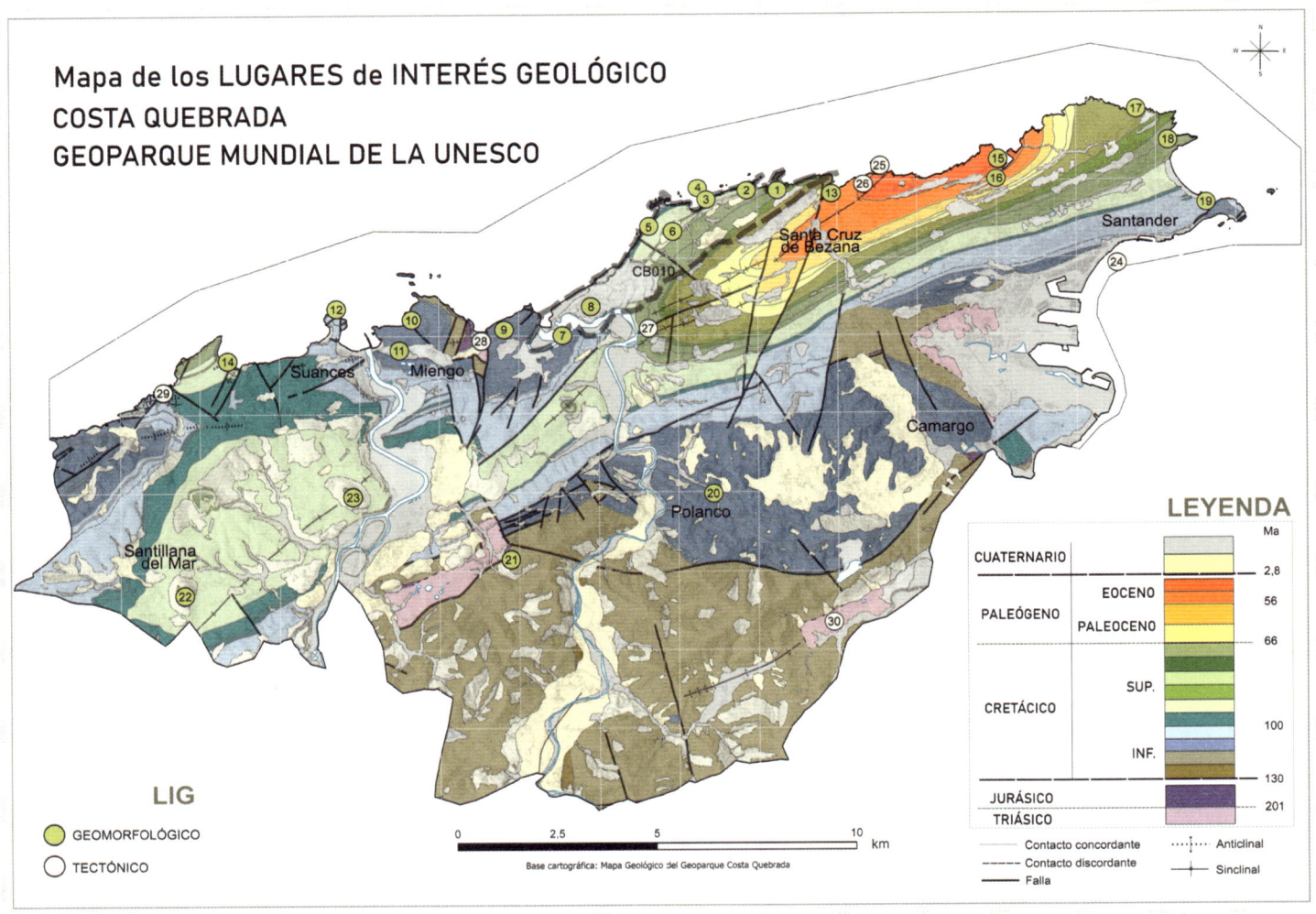

Figura 2. Ubicación de los LIG sobre el Mapa Geológico del Geoparque Mundial de la UNESCO de Costa Quebrada.

Durante el proceso de formación del sinclinal de Santillana-San Román, además de los pliegues, se generaron fracturas y fallas y, en las zonas donde estas fueron de mayor intensidad y mayor tamaño, se generaron unas estructuras diapíricas.

El diapirismo es un proceso asociado a material de elevada plasticidad que, desde zonas más profundas, aprovecha las fracturas existentes para ascender hacia la superficie, dando lugar a elementos geológicos que se denominan diapiros. En la zona del Geoparque existen cuatro áreas en las cuales es posible observar el resultado de procesos diapíricos: la Bahía de Santander, la playa de Usgo, Polanco y Parbayón.

Los materiales que se depositaron en el período Triásico descritos anteriormente, están constituidos por yesos, sales y arcillas, con una densidad inferior a la de los materiales más modernos que se depositaron por encima. Estos materiales, y como consecuencia de los procesos compresivos y deformacionales dominantes durante la Orogenia Alpina, sufrieron un ascenso hacia la superficie a través de fracturas y fallas.

Además, la presencia en superficie de materiales de estas características, muy erosionables y solubles, permitieron la formación de depresiones que en algunas zonas facilitaron la formación de estuarios y ensenadas, como es el caso de la Bahía de Santander.

También debe destacarse que, durante su ascenso a lo largo de las principales fallas y fracturas, los materiales del Triásico arrastraron parte del material del período Jurásico y de rocas ígneas existentes a grandes profundidades de la corteza continental (ofitas). El arrastre de estos materiales permite observar en superficie materiales más antiguos a la misma cota que los más modernos.

Por otro lado, a lo largo de las últimas décadas, los depósitos de sales han sido explotados como recursos naturales para producción industrial, como en el caso de Polanco y Parbayón.

Una vez terminada la fase más activa de la Orogenia Alpina, la situación en la zona del Geoparque está caracterizada por unos relieves de una cierta cota y unas condiciones climáticas cambiantes, en las cuales se alternaron épocas glaciares con interglaciares asociadas a oscilaciones relativas del nivel del mar. En esta situación, los relieves más recientes se vieron sometidos a unas condiciones ambientales muy diferentes de las condiciones en las cuales se formaron. Siempre que una roca aflora en superficie se ve sometida a importantes cambios y, independientemente del tipo de roca, siempre está sujeta al efecto global relacionado con la pérdida de presión de carga asociada a una expansión de los minerales que la constituyen y una separación entre los granos, así como a una interacción química entre la roca y la fase fluida presente en la superficie. Estos procesos, denominados en conjunto meteorización, son los que de forma paulatina llevan a la disgregación de las rocas y al desmantelamiento de los relieves.

En el caso del territorio del Geoparque, este conjunto de procesos, el tipo de rocas, la estructura geológica principal, y los cambios climáticos asociados a cambios del nivel del mar, son los factores fundamentales que han controlado la evolución más reciente del paisaje a lo largo del Pleistoceno y Holoceno (2,5 Ma hasta la actualidad), modificándolo hasta llegar a la situación que se observa hoy en día.

Los aspectos generales más destacados del territorio del geoparque y que han caracterizado su evolución en los últimos millones y miles de años están relacionados con las fluctuaciones relativas del nivel del mar con respecto a la línea de la costa (por movimiento del continente o por fluctuaciones de nivel del mar) y asociadas a los períodos glaciares e interglaciares (el último período glaciar terminó aproximadamente hace 12.000 años). Durante los períodos glaciares, el nivel del mar decrece debido a que la mayor parte del agua está retenida en las zonas de acumulación de hielo y nieve, mientras que en los períodos interglaciares el nivel del mar asciende e invade las tierras emergidas. En los momentos en los cuales el nivel del mar fue mayor que el actual, la acción del oleaje generó superficies planas que se definen como Rasas Marinas y que actualmente se pueden observar en la zona de Liencres donde, en algunos casos, es posible incluso observar restos de playas fósiles.

Después de la elevación y descenso del nivel del mar, los principales cauces fluviales fueron erosionando y desmantelando parte de esas superficies y construyendo los principales valles fluviales que son visibles actualmente. De la misma manera, la erosión del oleaje ha generado importantes procesos de desmantelamiento y consecuente retroceso de la línea de costa, y que siguen en la actualidad.

Por último, cabe mencionar los procesos kársticos asociados a la presencia de las rocas calizas y a las condiciones climáticas que dominan en el territorio del Geoparque. En las calizas sobre todo y algo menos en las dolomías el agua acidificada por el CO_2 atmosférico o por ácidos húmicos origina una reacción química que se denomina disolución y que es tanto más efectivas cuanto mayor es la agresividad y movilidad del agua. Este proceso se denomina karstificación y se utiliza el término karst para hacer referencia al conjunto de formas geológicas originadas por este proceso como cavidades subterráneas, simas, dolinas, poljés y lapiaces, todas ellas muy características del geoparque y que se describirán con más detalles en las secciones correspondientes.

DESCRIPCIÓN DE LOS LUGARES DE INTERÉS GEOLÓGICO

En el siguiente capítulo se describirán los diferentes Lugares de Interés Geológico (LIG) que han sido seleccionados para su publicación obviando, como ya se comentó, los de interés paleontológico y estratigráfico, para su mayor conservación y protección.

En el Mapa Geológico (Figura 2) y en la Figura 3 se muestran los nombres, códigos y principal interés de cada uno de los 30 LIG que se describen a continuación.

La descripción de los lugares se lleva a cabo haciendo hincapié en la distribución geográfica de los mismos, su carácter y similitud y teniendo en cuenta los principales procesos geológicos que los caracterizan, por lo tanto, no se sigue el orden numérico correspondiente a los códigos de los LIG.

GLOBAL GEOSITE

Entre el año 2001 y 2007 el Instituto Geológico y Minero de España, en colaboración con la Sociedad Geológica de España, llevó a cabo un inventario de Lugares de Interés Geológico de relevancia mundial para su inclusión en el Proyecto *Global Geosites,* promovido por la Asociación europea para la Conservación del Patrimonio Geológico (ProGEO) y la Unión Internacional de las Ciencias Geológicas (IUGS) en colaboración con UNESCO. El objetivo de dicho proyecto era la elaboración de un Inventario Mundial de los elementos geológicos más importante para comprender la historia geológica del Planeta Tierra.

Previamente a la selección de los elementos más importantes, todos los países tuvieron que elaborar una selección de los contextos geológicos más significativos dentro del registro geológico mundial. En España se definieron 21 Contextos Geológicos que se recogen en el Anexo VIII-2 de la Ley 33/2015 por la que se modifica la Ley 42/2007 de Patrimonio Natural y Biodiversidad. Hasta la fecha se han identificado un total de 252 lugares representativos de los 21 contextos para el territorio nacional.

En 2012, la Universidad de Cantabria en colaboración con la Asociación Costa Quebrada, elabora una propuesta para la inclusión en el Inventario de Global Geosites de la franja costera comprendida entre San Juan de la Canal y la desembocadura del Pas para el Contexto Geológico de relevancia internacional N.º 2 *Costas de la Península Ibérica.* Ese

Inventario de los
LUGARES de INTERÉS GEOLÓGICO (LIG)
COSTA QUEBRADA GEOPARQUE MUNDIAL DE LA UNESCO

Interés GEOMORFOLÓGICO

1. Conjunto geomorfológico de la Playa de Covachos
2. Conjunto geomorfológico de La Arnía-Pedrondo
3. Ensenada de El Portío
4. Conjunto geomorfológico de los Urros
5. Conjunto geomorfológico de la ensenada de El Madero
6. Rasas costeras de Liencres
7. Desembocadura del Pas
8. Sistema dunar y puntal de Liencres
9. Kárst de Lanchas
10. Acantilado de Los Caballos
11. Dunas de Cuchía
12. Punta Dichoso
13. Estuario de La Canal
14. Valle colgado en Ubiarco
15. Playa de cantos de El Piquel

Interés TECTÓNICO

16. Estuario de La Maruca
17. Puente del Diablo (Jorao)
18. Acantilado y playa de Mataleñas
19. Ensenada de El Camello
20. Peñas Negras
21. Pozo Tremeo
22. Monte de Vispieres
23. Masera de Suances
24. Bahía de Santander
25. Isla de la Virgen del Mar
26. Canal de Joz
27. Falla del Monte Tolío
28. Diapiro de la playa de Usgo
29. Anticlinal de Santa Justa
30. Depresión litoestructural de Parbayón

Figura 3. Lista de Lugares de Interés Geológico.

mismo año, el territorio propuesto se incluye en el inventario con el código *CB010* y bajo la denominación de *Sistema dunar de Liencres y litoral de Costa Quebrada*. El carácter fundamental del área y que justifica su interés internacional es de tipo geomorfológico y corresponde a la posibilidad de ilustrar en escasos 8 km de franja costera, una síntesis del modelo evolutivo propio de una costa acantilada en retroceso.

En la zona más occidental de este tramo se encuentra además el sistema dunar de Liencres, uno de los más importantes de las costas cantábricas. La conjunción de ambos elementos, una costa en retroceso erosivo y un importante complejo sedimentario en un corto espacio de apenas 10 km, proporciona un recurso geológico de primer orden para comprender de forma integral la evolución de las costas acantiladas de la Península Ibérica y su evolución. Todo ello hace que el Global Geosite incluya en sus límites los LIG identificados con los códigos 1, 2, 3, 4, 5, 6, 7, 8 y 9, todos ellos de tipo geomorfológico.

A pesar de que cada uno de los LIG posee un interés en sí mismo, y así se han valorado en el inventario, el valor fundamental del Global Geosite es el de un conjunto que permite reconstruir la evolución de la línea de costa. El proceso evolutivo está controlado por tres principales factores: tectónico, relacionado con la principal estructura del Geoparque correspondiente al sinclinal de San Román-Santillana; litológico, asociado a la erosión diferencial, y la dirección del oleaje.

La morfología general del tramo costero está caracterizada por una serie de entrantes y salientes originados por la acción del oleaje sobre una alternancia de materiales con diferentes grados de resistencia ante la erosión (erosión diferencial) y con una disposición subvertical de los estratos (buzamiento de 70-80 grados aproximadamente).

En el esquema de Figura 4 se representan los diferentes tipos de rocas que caracterizan la parte central del Global Geosite mediante bandas rojas y blancas que corresponden a la diferente respuesta de cada una de ella ante la erosión costera. Las rocas señaladas por bandas rojas corresponden a las más resistentes, mientras que las franjas blancas representan las menos resistentes.

El diferente comportamiento de las rocas ante la erosión determina la formación de una línea de costa caracterizada por entrantes (bahías, ensenadas) y salientes (cabos).

Como se puede apreciar en la Figura 4, las ensenadas y entrantes de la costa aparecen asociados a la banda blanca que corresponde con las rocas menos resistentes a la erosión. Estas litologías más sensibles a la erosión están definidas por margas y calizas margosas del periodo Turoniense.

Por el contrario, cabos y salientes se asocian a la banda de color rojo (rocas más resistentes), que litologicamente corresponden con las calcarenitas y calizas de la Formación Altamira del periodo Cenomaniense.

El esquema evolutivo que se ilustra a continuación permite explicar la modificación de la línea de costa, pasando desde una configuración aproximadamente rectilínea en el pasado, hasta la situación actual de entrantes y salientes. Al mismo tiempo se ilustran las diferentes etapas representadas por lo diferentes LIG que simbolizan los mejores ejemplos de cada etapa y proceso, ya que, en su conjunto, el área posee ejemplos espectaculares de las diferentes fases evolutivas del retroceso erosivo controlado por la litología y la estructura.

A continuación, se presentan los Lugares de Interés Geológico (LIG) incluidos en el Global Geosite y que explican de forma exhaustiva el modelo de evolución de una costa acantilada en retroceso erosivo.

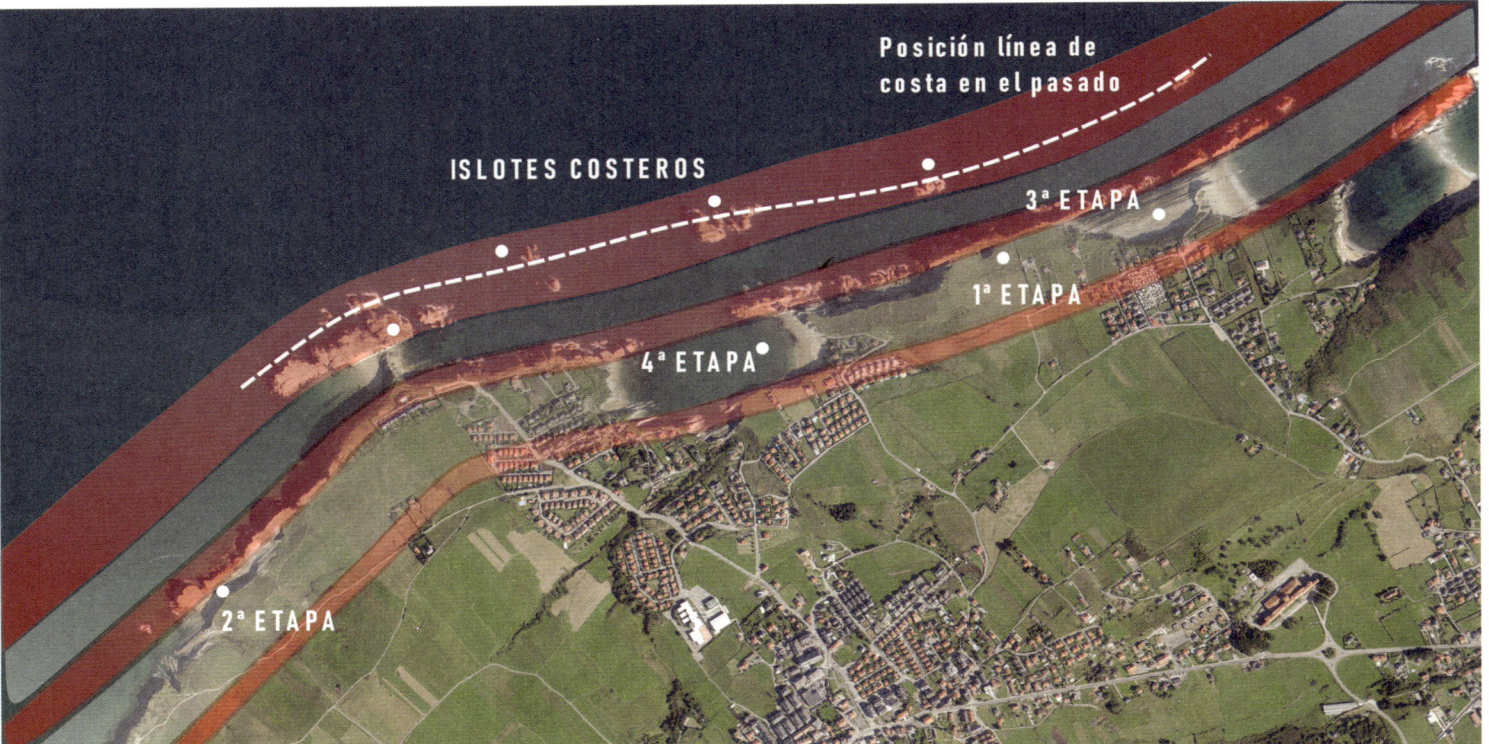

Figura 4. Ubicación de las cuatro diferentes etapas evolutivas del proceso erosivo y de retroceso costero. En sombreado rojo se indican las litologías más resistentes a la erosión (calizas del Aptiense y calcarenitas del Cenomaniense y Coniaciense) y en blanco, las menos resistentes (limolitas y areniscas de edad Albiense, y margas y calizas margosas de edad Turoniense).

FICHAS DESCRIPTIVAS
DE LOS LUGARES DE INTERÉS GEOLÓGICO (LIG)

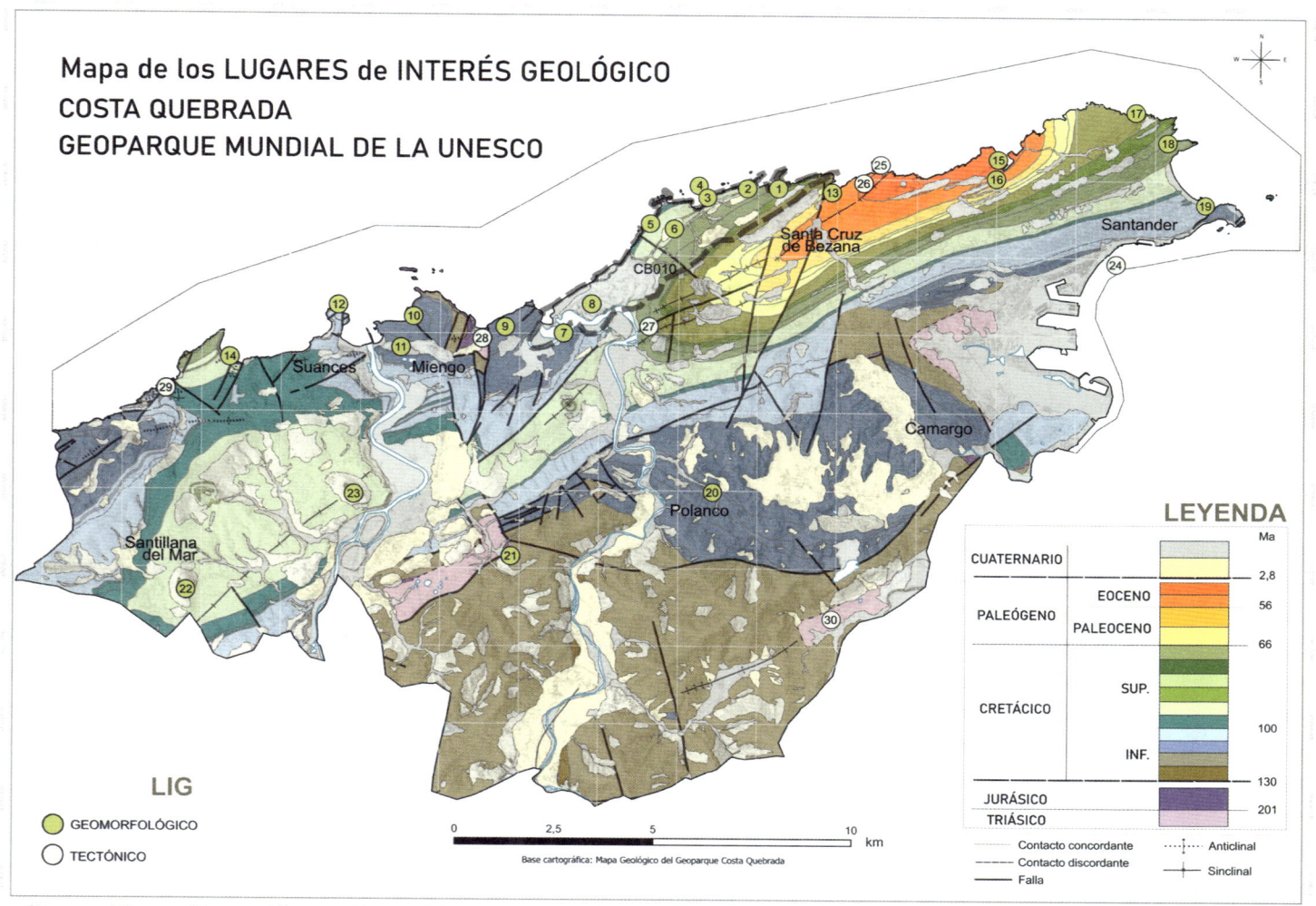

Mapa de los LUGARES de INTERÉS GEOLÓGICO
COSTA QUEBRADA
GEOPARQUE MUNDIAL DE LA UNESCO

LIG

GEOMORFOLÓGICO

TECTÓNICO

LEYENDA

			Ma
CUATERNARIO			
			2,8
PALEÓGENO	EOCENO		56
	PALEOCENO		66
CRETÁCICO	SUP.		
			100
	INF.		
			130
JURÁSICO			201
TRIÁSICO			

Contacto concordante ········· Anticlinal

Contacto discordante ———|— Sinclinal

Falla

0   2,5   5   10
km

Base cartográfica: Mapa Geológico del Geoparque Costa Quebrada

Inventario de los
LUGARES de INTERÉS GEOLÓGICO (LIG)
COSTA QUEBRADA GEOPARQUE MUNDIAL DE LA UNESCO

Interés GEOMORFOLÓGICO

1 Conjunto geomorfológico de la Playa de Covachos

2 Conjunto geomorfológico de La Arnía-Pedrondo

3 Ensenada de El Portío

4 Conjunto geomorfológico de los Urros

5 Conjunto geomorfológico de la ensenada de El Madero

6 Rasas costeras de Liencres

7 Desembocadura del Pas

8 Sistema dunar y puntal de Liencres

9 Kárst de Lanchas

10 Acantilado de Los Caballos

11 Dunas de Cuchía

12 Punta Dichoso

13 Estuario de La Canal

14 Valle colgado en Ubiarco

15 Playa de cantos de El Piquel

Interés TECTÓNICO

16 Estuario de La Maruca

17 Puente del Diablo (Jorao)

18 Acantilado y playa de Mataleñas

19 Ensenada de El Camello

20 Peñas Negras

21 Pozo Tremeo

22 Monte de Vispieres

23 Masera de Suances

24 Bahía de Santander

25 Isla de la Virgen del Mar

26 Canal de Joz

27 Falla del Monte Tolío

28 Diapiro de la playa de Usgo

29 Anticlinal de Santa Justa

30 Depresión litoestructural de Parbayón

LIG 2

Conjunto geomorfológico erosivo la Arnía-Pedrondo (1)

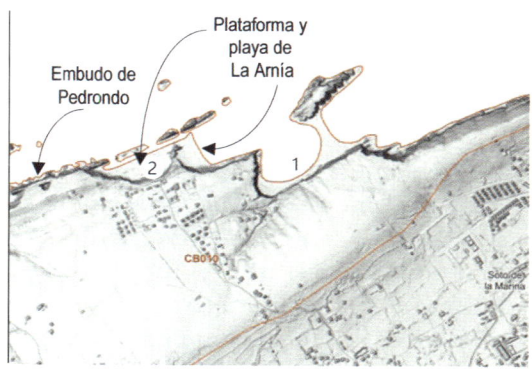

Al este del Embudo de Pedrondo, se encuentran la plataforma de abrasión y la playa de La Arnía, que corresponden a la tercera etapa de evolución de la costa y formación de una ensenada.

Como se observa en el esquema, una vez que se ha generado una primera ensenada, como el caso de la Baselga o de El Madero, el desmantelamiento paulatino del acantilado de calcarenitas facilita que el tamaño de las ensenadas se incremente dificultando, por lo tanto, la acción erosiva del oleaje en la base del acantilado, que sólo se genera en momento de fuertes temporales.

Con el término de plataforma de abrasión se indica la superficie de arrasamiento que genera el oleaje actuando sobre las margas del Turoniense, y que representa el nivel medio del mar actual.

Las crestas que se aprecian en la plataforma de abrasión y que en marea baja permiten la formación de pequeñas piscinas, se originan una vez más por erosión diferencial entre las margas y las calizas margosas, algo más resistente.

LIG 2

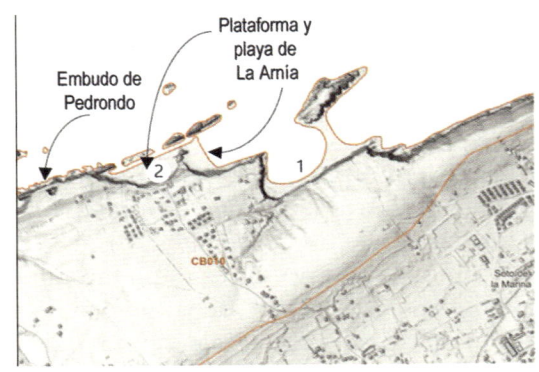

Interés: GEOMORFOLÓGICO
Localización: SANTA CRUZ DE BEZANA/PIÉLAGOS

Conjunto geomorfológico erosivo la Arnía-Pedrondo (2)

En esta etapa intermedia de evolución de la costa, el tamaño de la ensenada es lo suficientemente amplio para que la acción del oleaje alcance el pie (base) del acantilado únicamente en momento de grandes temporales y en marea alta.

En esta nueva situación uno de los procesos más importantes que provoca el continuo retroceso costero son los deslizamientos (movimientos en masa).

Debido a la disposición de las capas de rocas (casi verticales), el agua de lluvia fácilmente se infiltra facilitando la separación de los bloques que constituyen el frente del acantilado.

Este proceso genera grandes movimientos en masa como el deslizamiento rotacional que se puede observar en el frente del acantilado en la ensenada de La Arnía. En la parte alta del acantilado, se puede apreciar la diferencia de cota de unos 2 o 3 metros entre el acantilado mismo y la parte más elevada del deslizamiento.

Este tipo de procesos, que avanzan por pulsaciones, suponen un riesgo geológico para las viviendas e infraestructuras (pistas y senderos) presentes en la parte alta del acantilado.

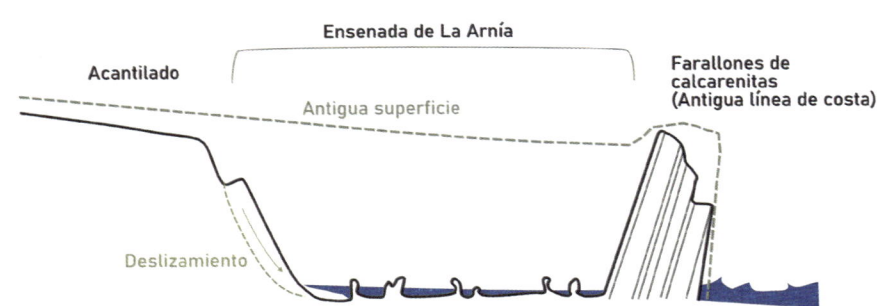

LIG 2

Interés: GEOMORFOLÓGICO
Localización: SANTA CRUZ DE BEZANA/PIÉLAGOS

Conjunto geomorfológico erosivo la Arnía-Pedrondo (3)

Se observa que el depósito de sedimentos forma una playa orientada hacia el este. Sin embargo, los sedimentos están ausentes en la zona de la plataforma de abrasión que se orienta al norte.

Esta configuración se debe a la interrelación entre el oleaje y los farallones de roca calcarenítica del Cenomaniense, que en su posición subvertical protegen del oleaje la zona orientada hacia el este propiciando el depósito de arenas y formación de una playa.

La evolución futura, que provocará el desmantelamiento del farallón de calcarenitas, traerá consigo la desaparición de la Playa de La Arnía.

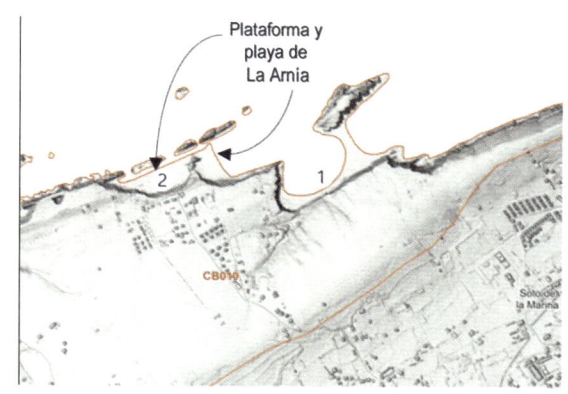

Cuando se observan las formas del relieve en la zona de la Arnía y en la playa de Covachos, se puede intuir la dirección de los antiguos y pequeños valles fluviales que modelaban el territorio en el pasado.

Interés: GEOMORFOLÓGICO
Localización: PIÉLAGOS

LIG **5**

Conjunto geomorfológico de El Madero

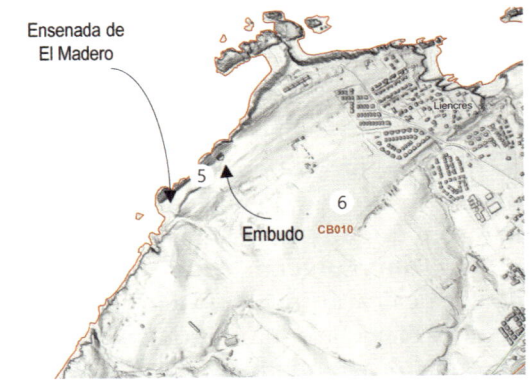

La Ensenada de El Madero corresponde a una segunda etapa dentro del proceso de retroceso de la costa acantilada, y más avanzada con respecto al Embudo de Pedrondo.

En el esquema se muestra cómo, siguiendo el mismo patrón de erosión diferencial explicado con anterioridad, a la vez que el oleaje actúa sobre las calcarenitas desmantelándolas se va originando una ensenada cada vez más amplia.

Esta misma forma se puede observar en la Ensenada de la Baselga, al oeste del Embudo de Pedrondo.

1.º El oleaje aprovecha las fracturas existentes en la base del acantilado constituido por calcarenitas.

2.º Se genera un embudo.

3.º El paulatino desmantelamiento de las calcarenitas acelera el proceso erosivo y genera la formación de una pequeña e incipiente ensenada.

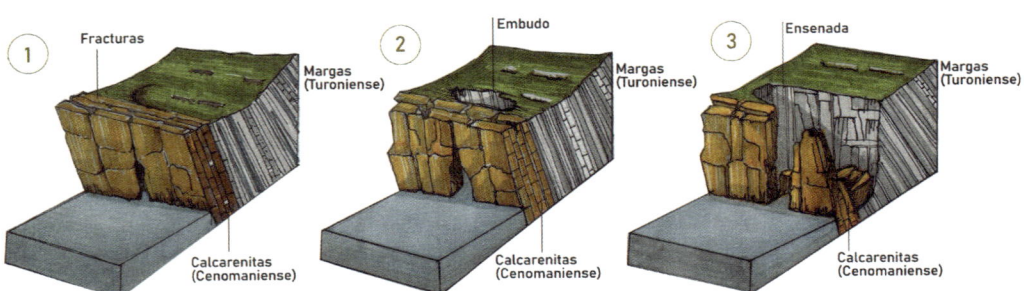

En la fotografía se aprecia el contacto entre las calcarenitas, de color ocre, del Cenomaniense y las margas del Turoniense, de color gris.

Al fondo se aprecia el embudo que se ha originado de la misma forma que el de Pedrondo.

LIG **3**

Ensenada de El Portío

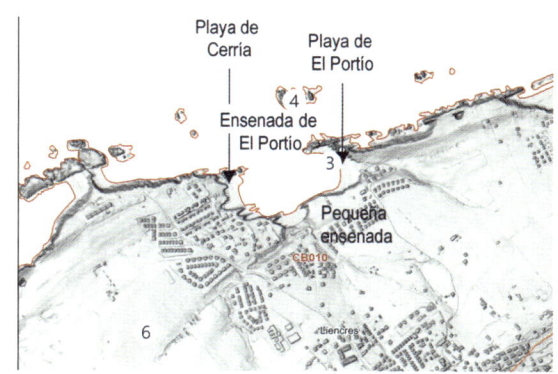

La Ensenada de El Portío representa la última etapa (cuarta) del proceso evolutivo, y constituye la morfología actualmente con mayor desarrollo en este tramo costero.

En el sector meridional de la ensenada se puede apreciar cómo se está desarrollando otro pequeño entrante, muy probablemente a favor de una falla (fractura de los materiales rocosos) que facilita el proceso erosivo.

Las dos playas ubicadas al este y oeste (Portío y Cerría) enfrentadas están probablemente relacionadas con la posible evolución de la ensenada.

Secuencia de la probable evolución de la ensenada de Portío.

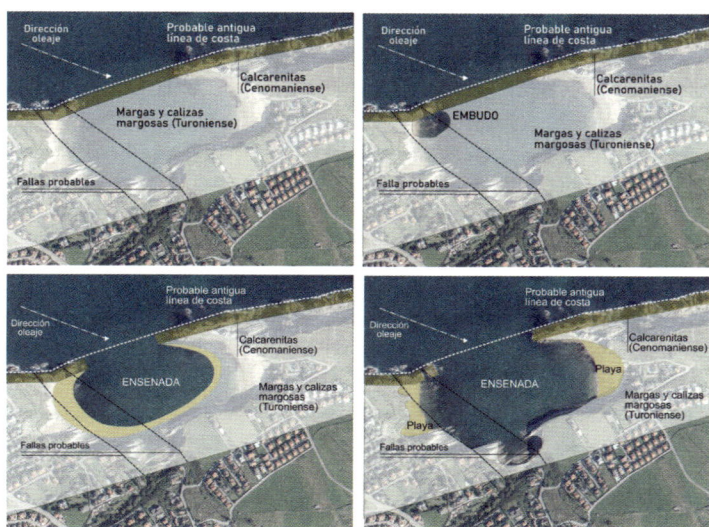

En la playa de Portío se puede observar el gran y espectacular afloramiento de las margas alternadas a las calcarenitas, de edad Turoniense (hace 93 Ma), con estratos prácticamente verticales.

LIG **1**

Conjunto geomorfológico de la Playa de Covachos (1)

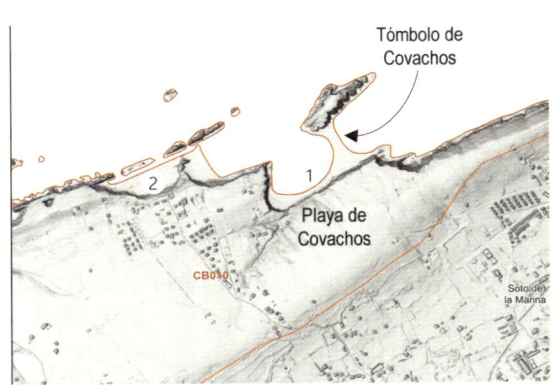

La ensenada de Covachos, al igual que las ensenadas de La Arnía, corresponde con una situación intermedia de la evolución de la línea de costa.

Como en el caso de la plataforma de la Arnía, el retroceso del acantilado se genera principalmente por un proceso de deslizamiento, aunque, en este caso, se trata de vuelcos y no de deslizamientos rotacionales.

Los acantilados que constituyen el límite meridional de la playa de Covachos están constituidos por margas y calizas margosas del Cretácico Sup. (86-83 Ma) con una disposición casi vertical.

La acción del oleaje, y sobre todo la infiltración de agua de lluvia, generan la erosión al pie del acantilado, así como la separación de los diferentes bloques de roca que constituyen el propio acantilado.

El aumento de la separación entre bloques y la disposición de la estratificación provocan finalmente que los desprendimientos de roca sean de tipo vuelco. Adicionalmente, el desmantelamiento de la parte baja del acantilado lleva consigo la desestabilización de la parte superior donde se desarrollan deslizamientos rotacionales que incrementan el retroceso erosivo de la línea de costa.

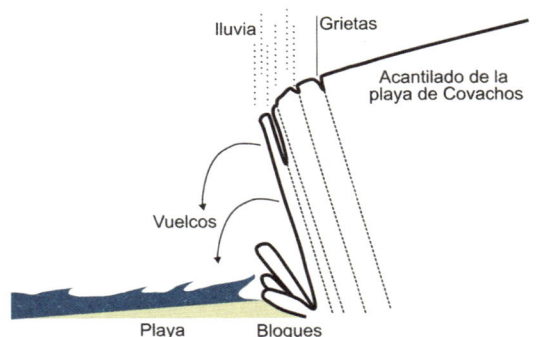

Debido al proceso de vuelcos no es recomendable permanecer debajo del acantilado, sobre todo después de los días de lluvia.

LIG 1

Conjunto geomorfológico de la Playa de Covachos (2)

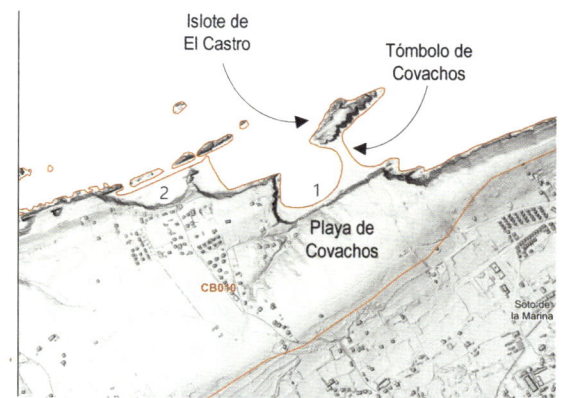

En momento de marea baja, la playa de Covachos y la Isla de El Castro están unidas por un cordón de arena que se denomina Tómbolo. Esta morfología se genera por la acumulación de arena depositada por dos frentes de olas que se generan al chocar contra la Isla, rodearla y volver a juntarse en el otro extremo.

En momento de lluvia intensa, en la playa de Covachos se genera una pequeña cascada alimentada por un pequeño arroyo que fluye casi paralelo a la línea de costa aprovechando las fracturas de las rocas.

La presencia de la cascada pone de manifiesto como el retroceso costero, generado por la acción del oleaje, ha sido más rápido que la acción del río, profundizando su propio cauce para alcanzar el nuevo nivel del mar.

Observando con atención las pendientes de los relieves de la isla de El Castro y del acantilado, se puede imaginar la forma del antiguo valle por donde discurría el pequeño arroyo en el pasado.

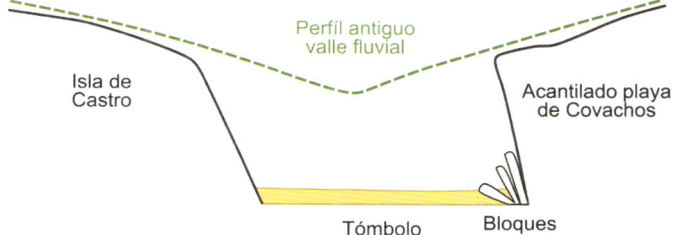

LIG **4**

Conjunto geomorfológico de los Urros

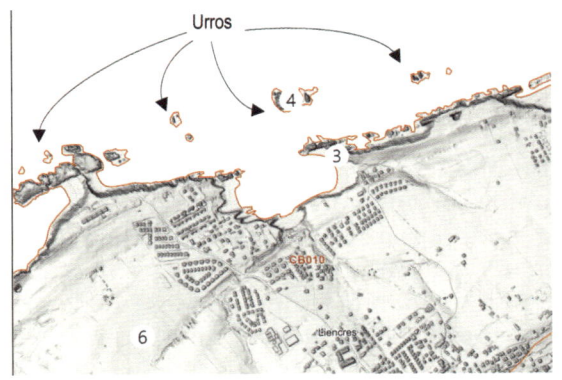

Los Urros de Liencres corresponden con islotes constituidos por rocas calizas de edad Aptiense (120 Ma), las más antigua del Global Geosites y de las más resistentes a la erosión del oleaje.

Estas calizas corresponden a un antiguo arrecife, muy similar a los actuales, aunque los organismos constructores eran muy diferentes.

La disposición de los islotes de calizas permite intuir la posición de la línea de la costa en algún momento de la historia geológica del Geoparque, antes que se erosionaran las rocas que los conectaban el actual acantilado, como las areniscas y arcillas del Albiense (113-100 Ma) y las margas y calizas margosas del Turoniense (93-89 Ma).

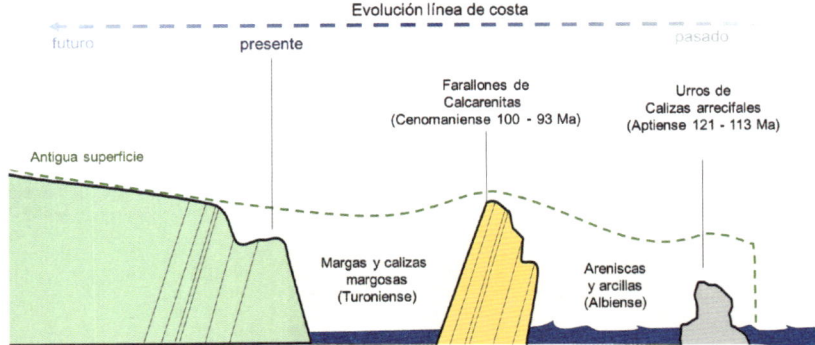

LIG **6**

Interés: GEOMORFOLÓGICO
Localización: PIÉLAGOS

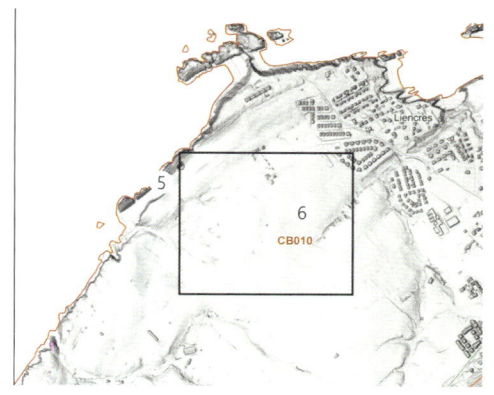

Rasas costeras de Liencres

Las Rasas costeras o litorales son superficies planas, ligeramente inclinadas hacia el mar originadas por la acción erosiva del oleaje y, por lo tanto, corresponden a antiguos niveles del mar.

Las Rasas litorales se clasifican en diferentes niveles y en función de la cota a la que se encuentran en la actualidad. En el Geoparque se han cartografiado 6 niveles desde el 3 (más antiguo, 80-100 m), hasta el 8 (más moderno, 5-6 m).

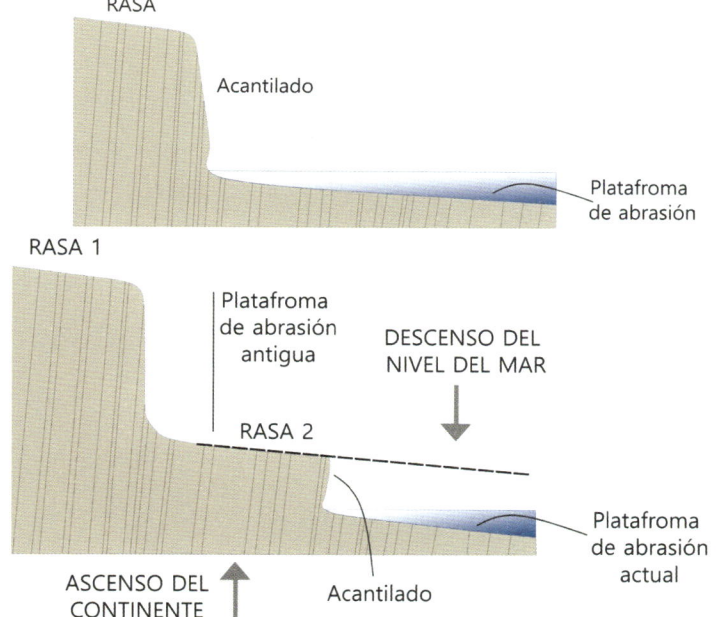

*Vista de las rasas en la proximidad de Liencres
(foto tomada desde la CA 231).*

LIG **7-8**

Desembocadura del Pas y Sistema dunar y puntal de Liencres (1)

Estos dos Lugares de Interés geológico se describen de forma conjunta en cuanto constituyen el principal sistema de abastecimiento del sedimento que alimenta las playas del Geoparque, el puntal y uno de los sistemas dunares más grandes de la costa del Cantábrico (Parque Natural de las Dunas de Liencres y Costa Quebrada). De forma muy general, el sistema funciona gracias a los aportes de sedimentos finos por parte del río Pas y de arena marina.

Una vez que estos llegan a la zona costera, las corrientes marinas se ocupan de redistribuirlos y acumularlos en las zonas más protegidas formando las playas.

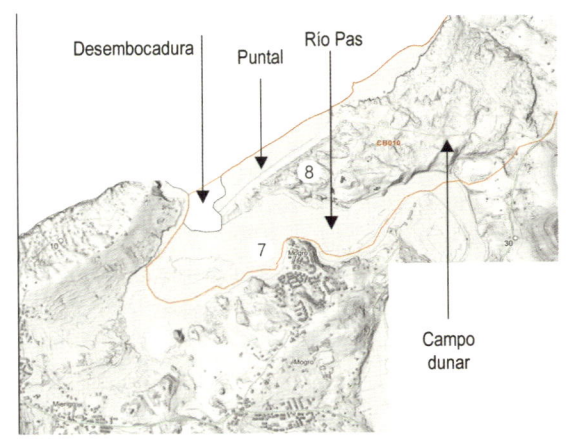

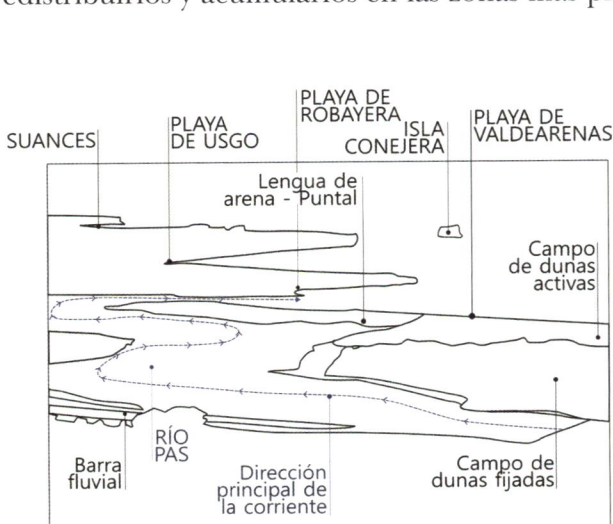

LIG **7-8**

Interés: GEOMORFOLÓGICO
Localización: PIÉLAGOS

Desembocadura del Pas y Sistema dunar y puntal de Liencres (2)

CAMPO DE DUNAS

La confluencia de la corriente del río Pas, con la corriente marina, determina una disminución de la energía y el abandono del sedimento cuya acumulación genera la formación de una flecha arenosa que va creciendo lentamente hacia el oeste.

Los vientos unidireccionales y del noroeste mueven la arena desde la playa hacia el interior, formando uno de los campos de dunas más extensos del cantábrico.

En el campo de dunas se pueden diferenciar claramente dos zonas, la situada hacia el este, caracterizada por dunas de tipo remontantes que, debido al rápido avance, fueron fijadas con la plantación de pinos, para evitar la ocupación de las zonas cultivadas, hacia el este.

En la zona occidental se observan las dunas activas y fundamentalmente de tipo parabólico y lingüiformes, separadas de la playa de Valdearenas por un cordón dunar. Esta zona fue explotada para la obtención de áridos para la construcción hasta mitad de los años 70 y actualmente solo queda un 30 % de la extensión original. El campo de dunas de Liencres fue declarado Parque Natural en 1986, para la protección de este importante, valioso y extremadamente frágil ecosistema.

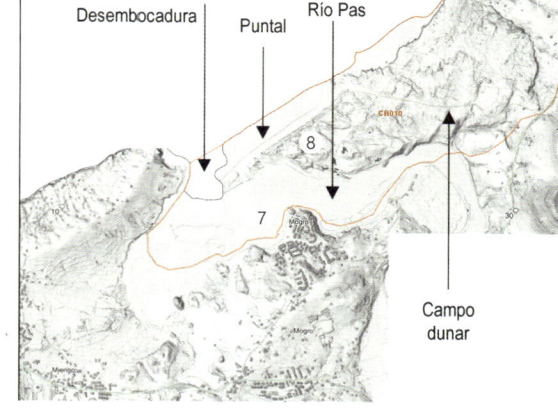

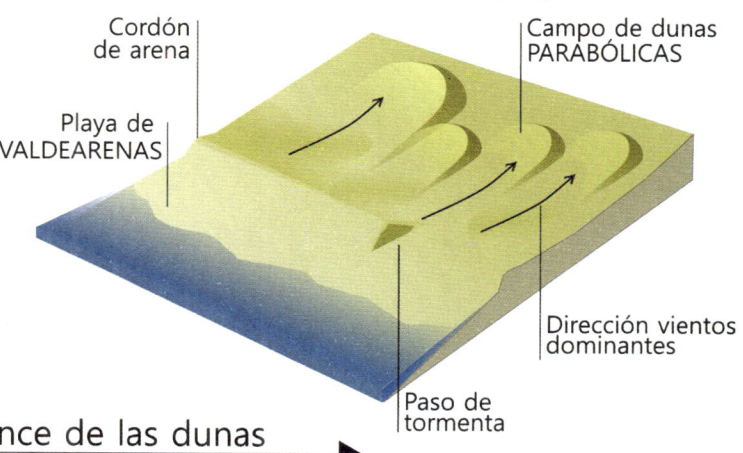

Dirección viento y avance de las dunas

LIG **7-8**

Desembocadura del Pas y Sistema dunar y puntal de Liencres (3)

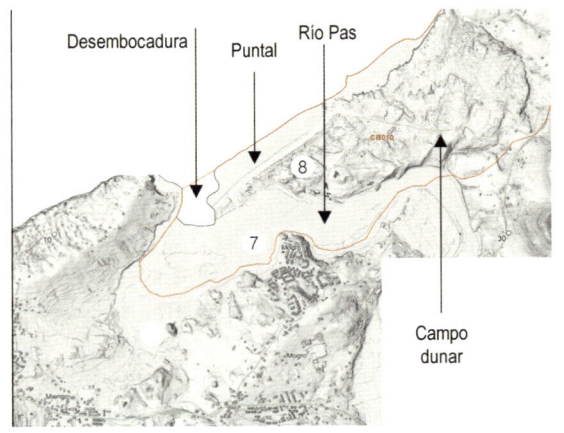

PUNTAL DE LIENCRES

El Puntal de Liencres corresponde a una flecha arenosa, muy similar a los puntales de Somo o Laredo, que se genera por acumulación de arena depositada por la corriente marina cuando, encontrándose con la fluvial, disminuye su velocidad y su capacidad de transporte. A diferencia de los otros dos puntales mencionados, el del Liencres crece paulatinamente en dirección oeste.

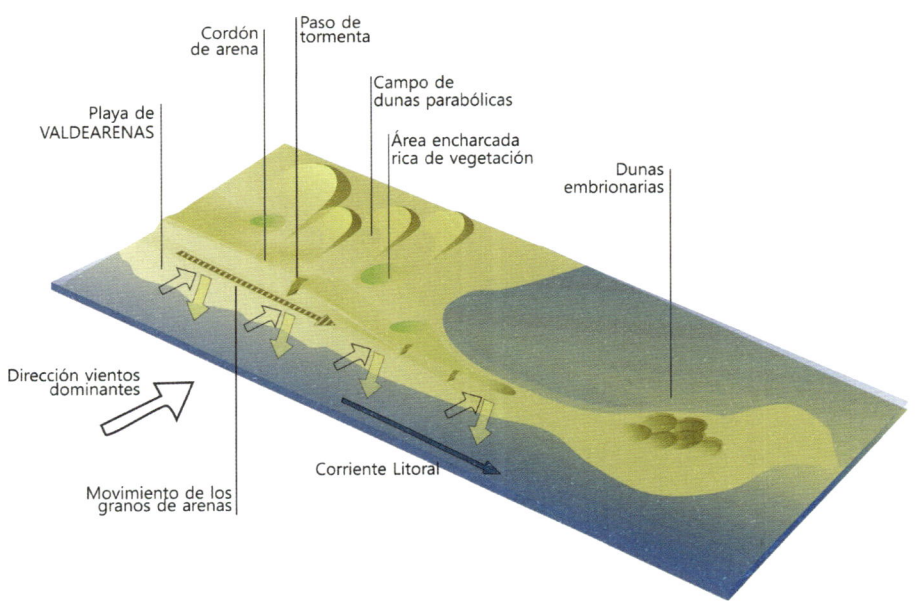

El Puntal de Liencres se desarrolla gracias a la corriente de deriva playera que se ocupa de transportar los sedimentos arenosos en dirección oeste, haciendo crecer la flecha. El cordón arenoso que separa el campo de dunas de la playa está interrumpido por los pasos de tormenta a través de los cuales la arena es transportada desde la playa para formar las dunas. En la parte final del puntal se observan las dunas embrionarias, activas y de reciente formación.

LIG **9**

Karst de Lanchas (1)

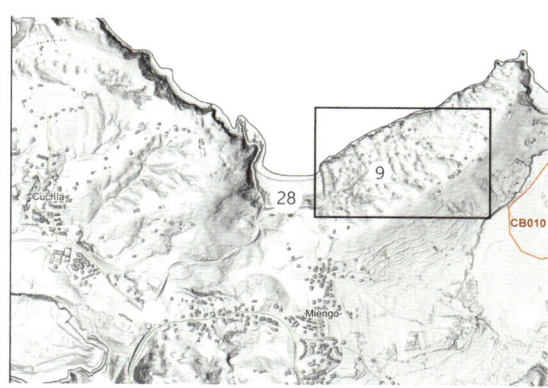

El acantilado que se encuentra al este de la playa de Usgo está compuesto por rocas calizas de edad Aptiense (120 Ma), que se formaron en unas condiciones de ambiente de mar cálido, muy diferentes de las actuales condiciones climáticas.

Los organismos que determinaron la formación de las calizas de Lachas, eran constructores de arrecifes, que se denominan rudistas, que están caracterizados por dos valvas asimétricas y cuyos restos fósiles se pueden observar actualmente en las rocas.

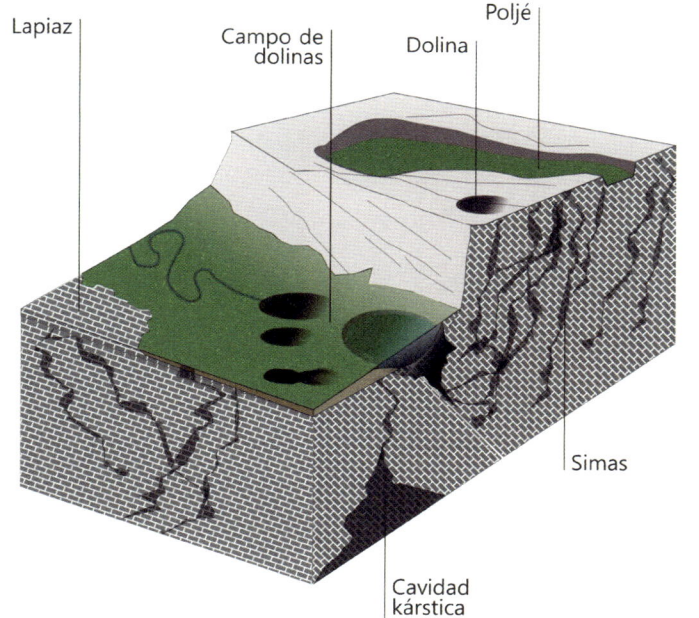

Por otro lado, gracias a estas calizas, los acantilados de Lachas presentan un espectacular paisaje kárstico.

La palabra karst es de origen alemán, corresponde al nombre de una región de Eslovenia, el Carso, y se utiliza internacionalmente para identificar las formas de paisajes kársticos, o sea que se han originado por proceso kársticos.

Los procesos kársticos son aquellos que se generan por disolución de las rocas carbonatadas, o sea constituidas por carbonato cálcico ($CaCO_3$), como las calizas, según la siguiente equivalencia:

> anhidrido carbónico (atmósfera) + lluvia = ácido carbónico
> ácido carbónico + $CaCO_3$ (caliza) = bicarbonato cálcico + terra rossa (arcillas de descalcificación)

Las formas kársticas más frecuentes son las que se muestran en el esquema (dolinas, lapiaces, uvalas y poljé –en superficie– y cuevas y simas –en profundidad–).

LIG **9**

Karst de Lanchas (2)

En el Geoparque las rocas carbonatadas (calizas) son muy abundantes, y como las precipitaciones son muy frecuentes, los procesos kársticos son muy intensos y con gran desarrollo.

En el caso del karst de Lanchas, la forma dominante son el lapiaz (ver foto) y la dolina y, debido a la gran abundancia de estas últimas, se utiliza el término campo de dolinas.

En el geoparque, como en otras zonas, la presencia de estas formas kársticas que se observan en superficie, permite establecer con seguridad el tipo de roca, aun cuando no aflore o esté cubierta por vegetación.

Por otro lado y por estas mismas razones, Cantabria tiene una gran riqueza en cavidades subterráneas asociadas a un importantísimo patrimonio arqueológico.

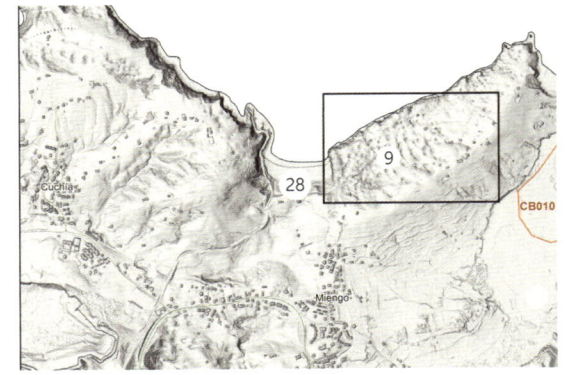

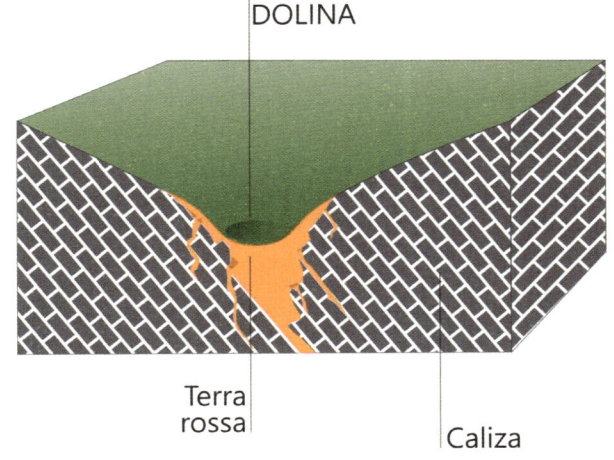

DOLINA

Terra rossa

Caliza

LIG 10

Interés: GEOMORFOLÓGICO
Localización: MIENGO

Acantilado de Los Caballos

Los acantilados de la playa de Los Caballos están constituidos por una alternancia de margas grises y areniscas del Aptiense Inf. (120-113 Ma), son prácticamente verticales y tiene una altura de aproximadamente 60 m.

Debido a la naturaleza de las rocas, bastante erosionables y su disposición, los acantilados de esta playa son de los más activo del Geoparque, y están sujetos a un importante retroceso erosivo.

La acción del oleaje en la base del acantilado, sobre todo en momento de alta marea, el agua de lluvia que se infiltra entre las grietas, así como el viento, facilitan la desestabilización del acantilado y predisponen el acantilado a los sucesivos procesos de movimientos en masa y caída de bloques.

Es muy importante conocer los procesos que afectan a los acantilados para evitar exponerse a importantes riesgos, sobre todo cuando sube la marea y la playa se reduce a una pequeña franja en la base del acantilado, donde se acumulan los bloques y materiales procedentes de la parte superior.

Esquema explicativo del proceso de retroceso del acantilado en la playa de Los Caballos.

1.º Formación de las primeras gritas apreciables en la parte alta del acantilado.

2.º Debido a la disposición de los estratos, y a los efectos de la infiltración de lluvia, de los vientos y fuerte oleaje, y de las características litológicas, se desencadenan deslizamientos de tipo rotacionales y desprendimientos.

3.º En diferentes colores se indica la posición de las toallas de los potenciales usuarios de la playa.

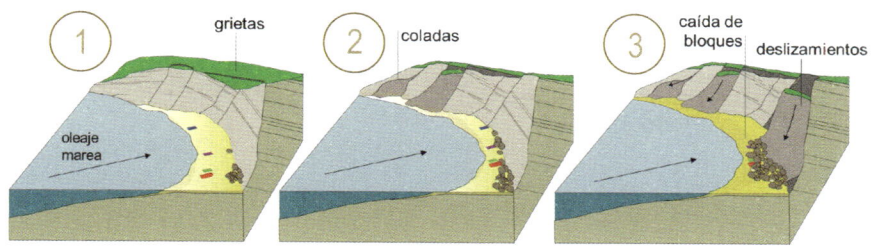

LIG **11**

Dunas de Cuchía

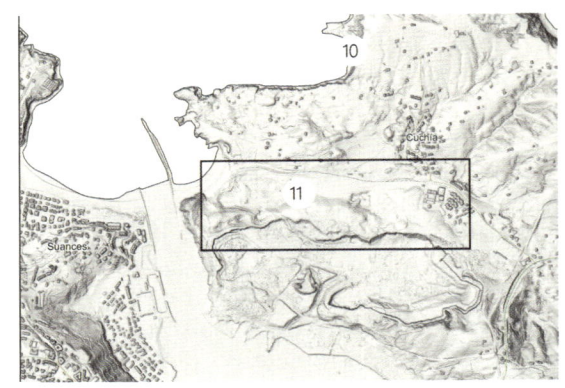

Las dunas de Cuchía correspondía a un campo de dolinas de grandes dimensiones que fue totalmente desmantelado por acción antrópica (extracción de arena para áridos de construcción).

El campo de dunas estaba constituido por dunas longitudinales, originas por la acción de vientos dominantes y unidireccionales del NO y actualmente casi toda su extensión está cubierta por un parque urbano.

La única parte que se conserva es el cordón dunar que se está recuperando gracias a las acciones implantadas para conservar la vegetación propia de dunas (muy valiosas) y a la construcción de pasarelas que impiden el pisoteo.

El cordón dunar se alimenta de la arena depositada en la playa y por acción de los vientos dominantes del NO.

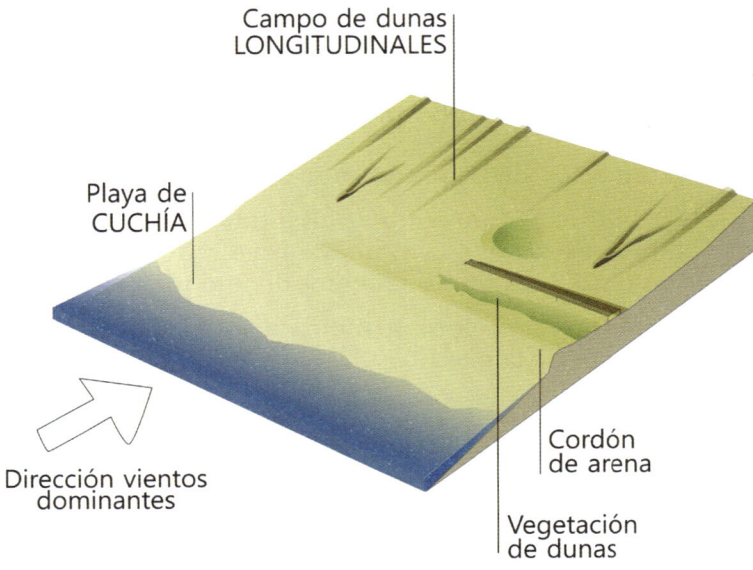

Campo de dunas LONGITUDINALES

Playa de CUCHÍA

Dirección vientos dominantes

Cordón de arena

Vegetación de dunas

LIG 12

Punta Dichoso

Interés: GEOMORFOLÓGICO
Localización: SUANCES

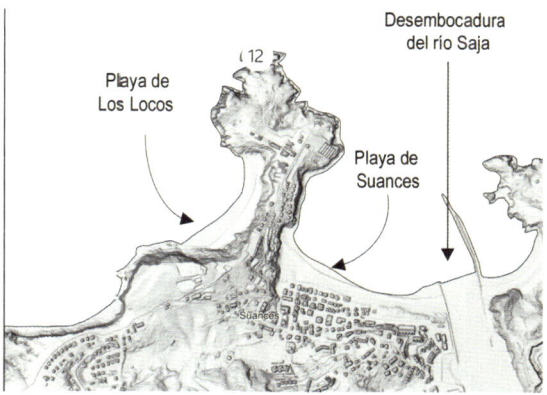

Extremo septentrional del promontorio de Suances constituido por calizas de edad Aptiense (120 Ma).

Las calizas del Aptiense son uno de los materiales más antiguos del Geoparque y corresponden a un antiguo arrecife, muy similar a los que forman en la actualidad, aunque los organismos constructores fueron bastante diferentes de los actuales.

Es bastante frecuente poder observar los restos de uno de ellos, un bivalvo de grandes dimensiones, caracterizado por tener las dos valvas asimétricas, es decir una muy diferentes de la otra.

Tiene forma de cono, y la valva superior se asemeja a un disco redondo muy fácil de observar cómo resto fósil incrustado en la roca caliza.

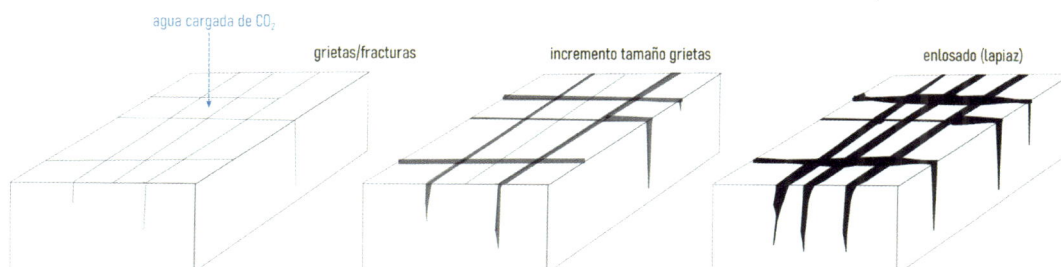

Su nombre, *Pseudotoucasia santanderensis*, se debe a que fue identificado en las calizas de la Península de La Magdalena, donde fue descrito por la primera vez.

La composición de la caliza, junto con la intensa fracturación, facilitan los procesos de disolución por parte del agua de infiltración, generando lo que se denomina un lapiaz desnudo, es decir, una forma kárstica típica que se asemeja a un enlosado muy característico y que está totalmente desprovisto de vegetación.

agua cargada de CO_2

grietas/fracturas   incremento tamaño grietas   enlosado (lapiaz)

Es conveniente señalar que en España la legislación vigente prohíbe la recolección de fósiles. El patrimonio paleontológico es fundamental para la comprensión de la historia geológica del planeta Tierra, con lo cual, el furtivismo provoca una pérdida de información científica muy valiosa.

LIG **13**

Estuario de La Canal

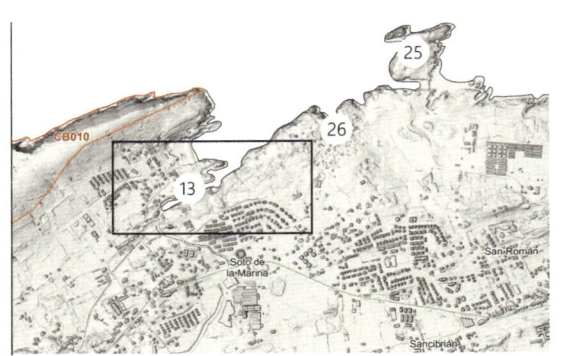

El estuario de La Canal se ha formado por efecto del contacto entre rocas de diferentes edades, las calizas del Paleoceno (60 Ma) y las calizas y calcarenitas del Eoceno (40 Ma).

Dicho contacto litológico corresponde a una zona de debilidad y que favorece la formación de un arroyo (Otero) y la infiltración de agua.

Estas circunstancias han determinado la formación de dolinas (por disolución de las calizas) que, junto con la erosión generada por el arroyo, y la acción del oleaje, han facilitado la formación del canal.

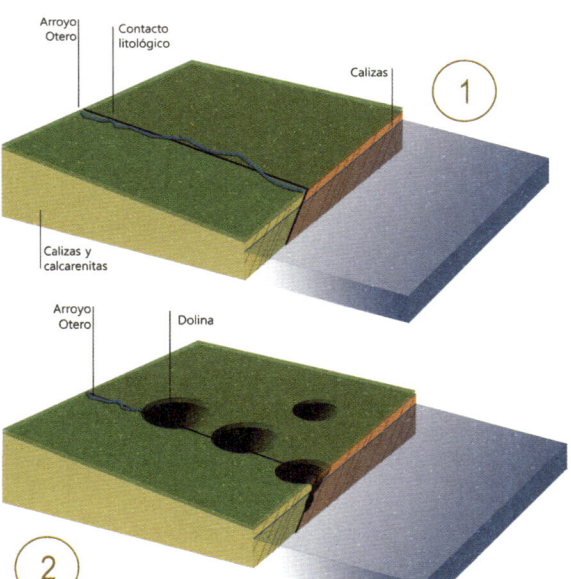

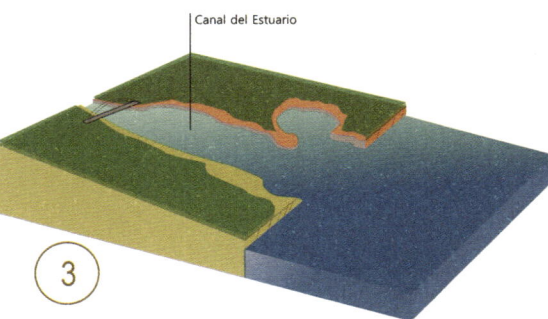

1.º Trazado del arroyo Otero debido al contacto entre rocas de edades diferentes.

2.º Formación de dolinas por disolución de las rocas calizas en el contacto geológico que facilita la circulación del agua.

3.º Formación del canal por el efecto de las dolinas, del contacto litológico, de la erosión del arroyo y del oleaje.

LIG **14**

Valle colgado en Ubiarco (1)

Desde Punta Ballota, mirando hacia el sur, se aprecia un magnífico ejemplo de valle colgado.

El valle y los distintos niveles de terraza se indican en la foto con una línea discontinua de color negro. Se señala también en azul el pequeño cauce de carácter intermitente y, en color verde, el perfil seccionado del valle colgado.

El valle está formado sobre rocas margosas de edad Turoniense (90 Ma).

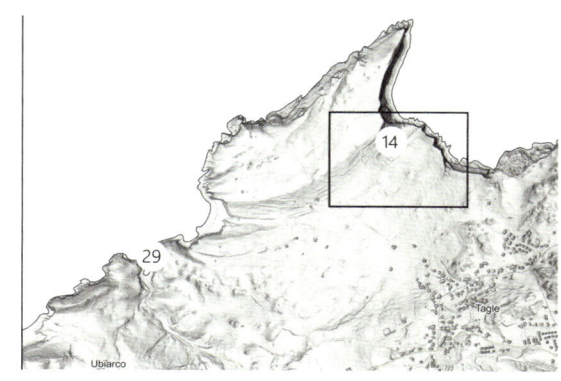

Se define valle colgado como el resultado del descenso del nivel del mar sin que el río sea capaz de profundizar a la misma velocidad para alcanzar la cota cero del nivel del mar. Por esta razón el mar desciende y el valle fluvial queda colgado.

En la parte terminal del valle, en correspondencia con el acantilado, se puede apreciar aparentemente una dolina seccionada, y que muy probablemente se ha formado en correspondencia de unos estratos de calizas arenosas, que se encuentran intercalados a las margas.

LIG **14**

Interés: GEOMORFOLÓGICO
Localización: SUANCES

Valle colgado en Ubiarco (2)

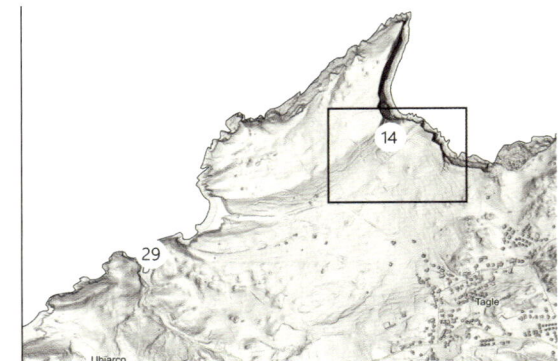

En el caso del valle colgado de Ubiarco, es probable que el pequeño cauce desaguara en una dolina que actuaba como sumidero.

El descenso del nivel del mar, y el sucesivo retroceso del acantilado generado por la erosión costera, ha puesto al descubierto la morfología kárstica que se aprecia en la actualidad.

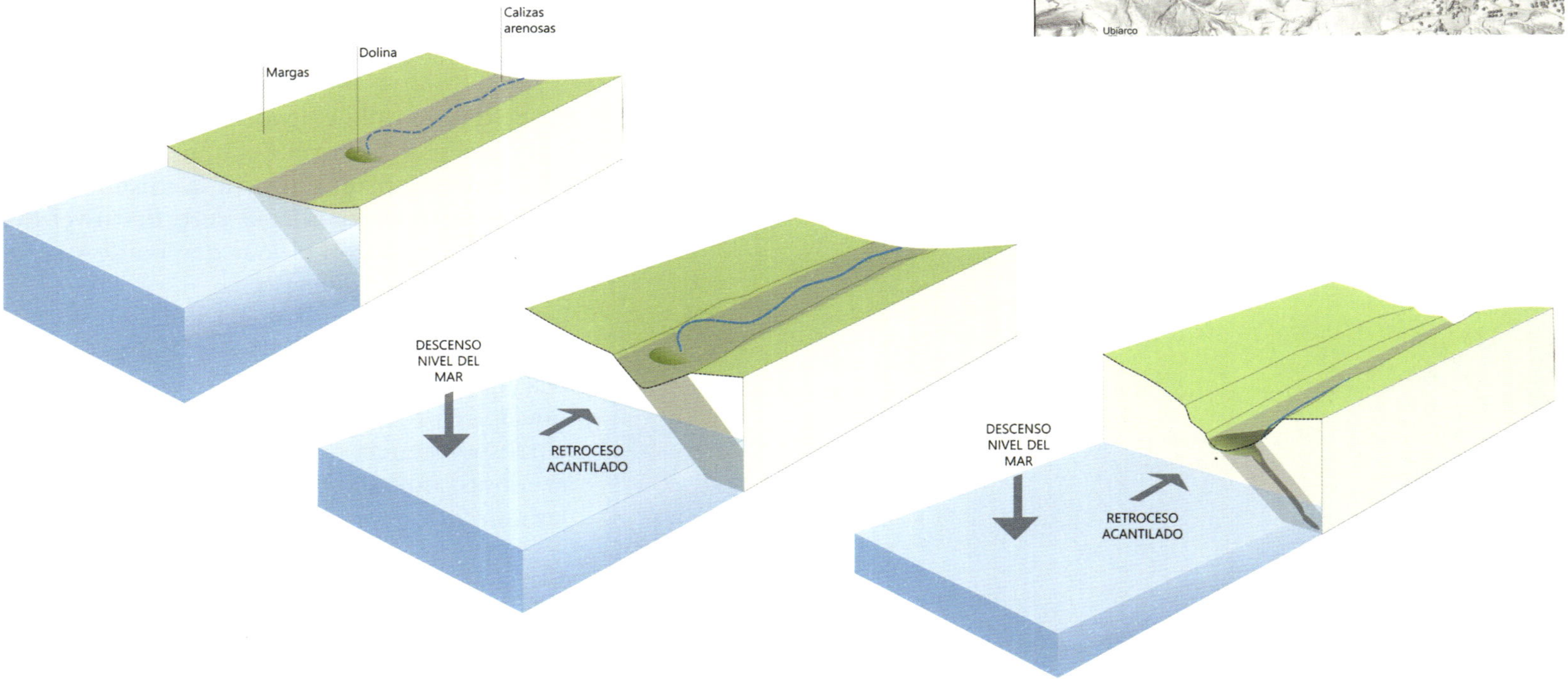

Margas Dolina Calizas arenosas

DESCENSO NIVEL DEL MAR

RETROCESO ACANTILADO

DESCENSO NIVEL DEL MAR

RETROCESO ACANTILADO

LIG **15**

Playa de cantos de El Piquel

La gran mayoría de las playas del Geoparque presentan acumulación de cantos en la parte más próxima al acantilado.

Dichos depósitos se generan por acumulación de bloques que proceden de la parte más elevada de los acantilados que están siendo paulatinamente desmantelados por efecto del oleaje en momento de grandes temporales y por la lluvia.

Los bloques, una vez acumulado en la base del acantilado son removidos y remodelados por el oleaje que le confiere un aspecto redondeado.

La playa de El Piquel, es la playa de cantos más representativa del Geoparque y está asentada sobre las calizas arenosas del Eoceno (56-46 Ma).

Está constituida por grandes bloques y una fuerte pendiente, que sugieren un ambiente de gran energía y un cordón (barra superior; indicada sobre la foto con una línea discontinua de color negro) muy bien desarrollado.

En la parte trasera de la playa, protegido del efecto erosivo del oleaje por el cordón de playa, se ha generado una charca de agua salobre, retenida probablemente por la presencia de un nivel algo arcilloso.

LIG 16

Estuario de La Maruca

El estuario de La Maruca (Ría de San Pedro del Mar), tiene una forma muy curiosa, controlada y determinada por la erosión diferencial y la estructura geológica.

La entrada a la ría está caracterizada por una falla en dirección NO-SE que ha favorecido la erosión y el inicio de la formación de la ría (ver figura de la localización). Por otro lado, las rocas sobre las cuales se ha formado el estuario corresponden con calizas arenosas y arcillosas muy poco resistentes a la acción erosiva del oleaje y a los procesos de disolución.

Por otro lado, cabe señalar que, debido a la cercanía del núcleo del sinclinal, los estratos de rocas aproximadamente paralelos a la costa en el tramo más occidental, rotan en dirección N-S, controlando la dirección y forma del estuario en su parte más occidental. Esta circunstancia, junto con la erosión más acusada en los tramos más arcillosos de las calizas, ha favorecido la formación del estuario de La maruca y su forma tan curiosa en "L" invertida.

LIG **17**

Puente de El Diablo

Interés: GEOMORFOLÓGICO
Localización: SANTANDER

Fotografías de la situación antes y después del derrumbe del arco natural (11 de noviembre de 2010)

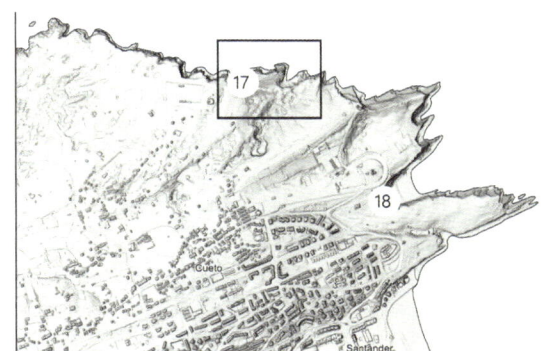

El arco natural denominado Puente del Diablo se formó por el derrumbe parcial del techo de un antiguo conducto kárstico.

En el esquema adjunto se describe las diferentes etapas de evolución del Puente del Diablo.

1.º Formación de un conducto kárstico asociado a una dolina y generado por disolución de las rocas calizas.

2.º Incremento del tamaño del conducto y posterior colapso de parte del techo.

3.º Formación del arco natural expuesto a la acción del oleaje y retroceso del acantilado en momento de grandes temporales.

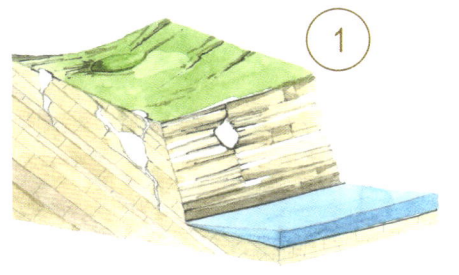

LIG **18**

Interés: GEOMORFOLÓGICO
Localización: SANTANDER

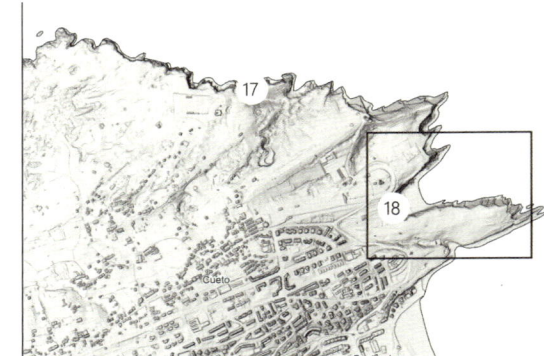

Acantilado y playa de Mataleñas

La ensenada de Mataleñas se ha formado por el efecto de un conjunto de rocas fácilmente erosionable (margas) por la acción del oleaje sobre la base del acantilado. La ensenada se ha ensanchado paulatinamente hasta llegar a la situación actual (etapas 1, 2 y 3). Debido a la disminución de la energía del oleaje en el fondo de la ensenada, se ha podido depositar arena y formar la playa.

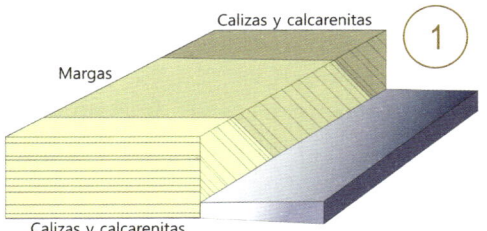

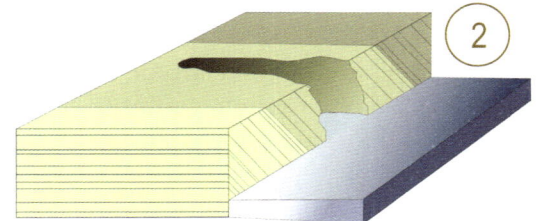

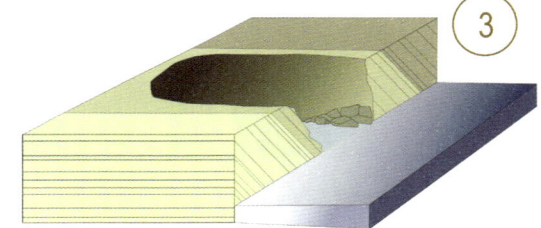

Debido a la disposición de las rocas, en el acantilado norte de la ensenada de Mataleñas, el socavamiento generado por el oleaje en el pie del acantilado, desencadena desprendimientos de bloques que se acumulan en la base del mismo.

En correspondencia del acantilado sur, la misma disposición de las rocas configura un acantilado más tendido y sin acumulación de bloques en la base del mismo.

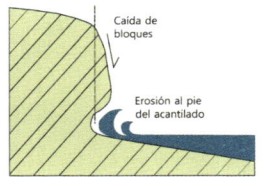

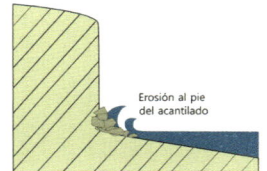

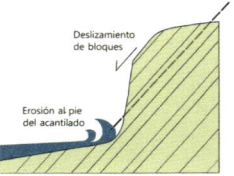

LIG **19**

Interés: GEOMORFOLÓGICO
Localización: SANTANDER

Ensenada del Camello

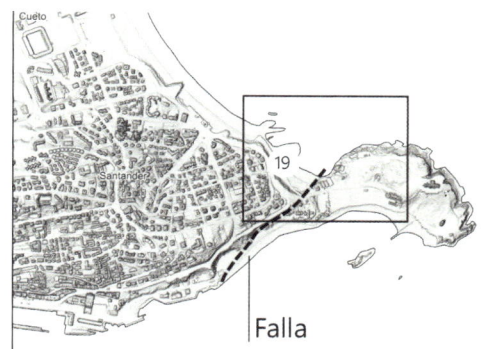

El nombre de esta ensenada se debe a la roca constituida por calizas del Aptiense (120 Ma) que se sitúa en el centro de la misma. La erosión generada por el oleaje y por los diferentes organismos que en ella viven (bioturbación), le ha conferido la caprichosa forma de camello (en realidad debería llamarse dromedario, debido a que tiene sólo una joroba).

En segundo plano, mirando hacia la península de la Magdalena, se precian las calizas del Aptiense, antes mencionadas, y que muestran interesantes morfologías propias de los procesos kársticos generado por la disolución de las rocas carbonatadas (calizas).

Hacia el extremo norte de la playa del Camello, se aprecia un pequeño islote, denominado Peñón del Lobo, constituido por areniscas y lutitas de edad Albiense (110 Ma), y en las cuales se pueden observar diferentes estructuras propias de ambientes costeros como las rizaduras por oleaje.

LIG **20**

Peñas Negras

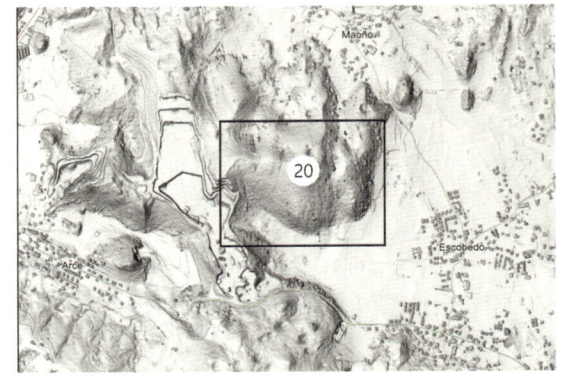

El relieve de Peñas Negras corresponde con un macizo compuesto por calizas del período Aptiense (120 Ma) que actualmente está siendo explotado para la obtención de áridos.

La llanura cerrada de Escobedo, que rodea Peñas Negras, forma una gran depresión originada por intensos procesos kársticos (disolución de las rocas carbonatadas - calizas) compuesta por arcillas de descalcificación y que se denomina poljé.

Un poljé, palabra de origen croata, es una gran depresión o valle cerrado que se genera sobre un macizo de rocas carbonatadas, de grandes dimensiones, fondo plano y rodeada de relieves calizos.

Su origen se debe a los procesos kársticos que determinan la disolución de las rocas calizas y generan como productos residuales las arcillas de descalcificación (*terra rossa*) que tapiza la superficie plana del poljé.

Debido al carácter cerrado, en momento de intensas lluvias pueden llegar a inundarse.

Panorámica desde la senda en Peñas Negras, donde se aprecia la cantera a la izquierda y a la derecha el macizo sin explotar.

La intensa fracturación de las calizas determina una importante infiltración de lluvia en el interior del macizo, generando en superficie unas condiciones áridas que permiten el crecimiento de los encinares de Peñas Negras, típicos de las condiciones áridas del Mediterráneo.

LIG **21**

Pozo Tremeo

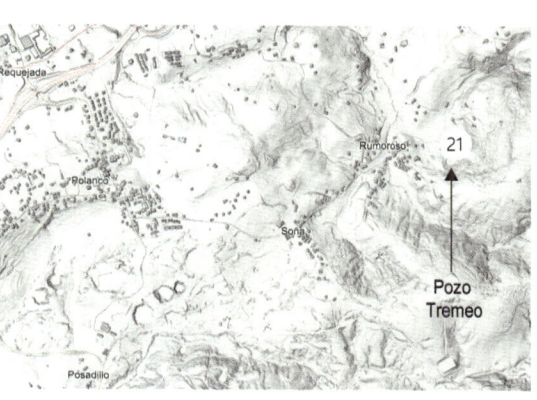

El Pozo Tremeo corresponde con una dolina de colapso. Las dolinas son depresiones que se originan por disolución de las calizas (rocas carbonatadas), proceso que genera los paisajes kársticos típicos del Geoparque.

El proceso de disolución empieza con la formación de pequeñas cavidades subterráneas que se van ensanchando paulatinamente, hasta llegar a colapsar, como en el caso del Pozo Tremeo.

El Pozo Tremeo tiene una profundidad de unos 11 metros, y a unos 4 metros las aguas cambian de cálidas y dulces a frías y cargadas de sales.

Durante el período Triásico (200 Ma) el paisaje estaba conformado por islotes entre zonas marinas restringidas en las que se depositaron unos materiales terrígenos compuestos por arcillas y lutitas, así como por yesos y sales que precipitaron por las condiciones climáticas que generaron una importante evaporación.

Alrededor de los 40 Ma el Geoparque se vio afectado por los movimientos tectónicos que dieron lugar a los principales relieves del norte de la península Ibérica (Orogenia Alpina), caracterizados por grandes pliegues y fallas.

A favor de dichas fallas, como la que se encuentra bajo el Pozo Tremeo, ascendieron hacia la superficie los materiales menos densos y más antiguos (Triásico) formando un Diapiro Salino y arrastrando materiales más antiguos como las calizas del Jurásico.

Esas sales y yesos son una de las razones de la carga salinas presente en el agua de la parte más profunda del Pozo Tremeo.

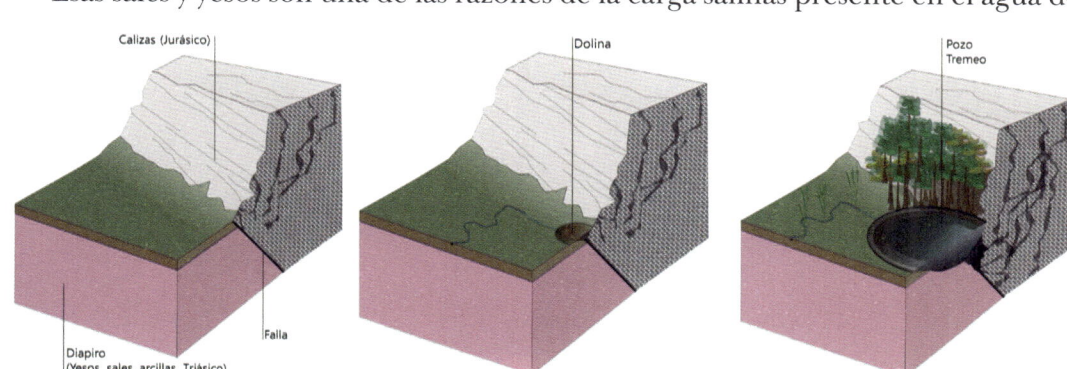

LIG **22**

Monte de Vispieres

Corresponde a un relieve residual que se ha formado por erosión de los materiales y rocas que lo rodeaban quedando aislado al estar constituido por rocas más resistentes.

El Monte de Vispieres está compuesto por calizas margosas y areniscas de edad Santoniense (85 Ma) con una clara estratificación casi horizontal, lo que le confiere esa superficie plana en la parte más alta del relieve mismo.

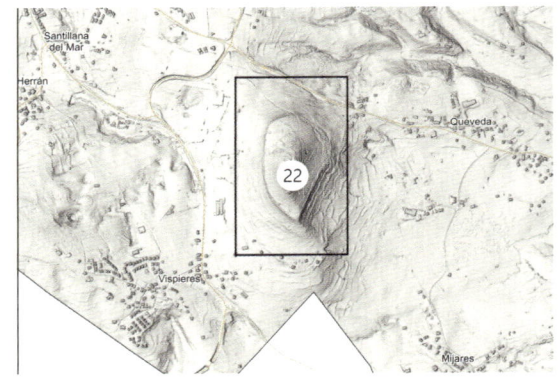

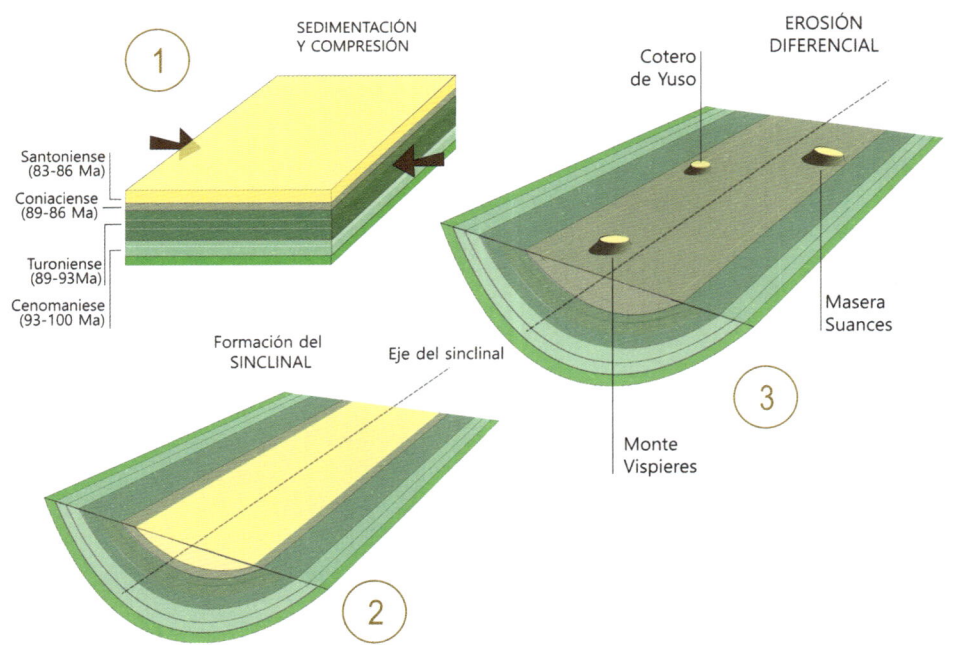

En una fase sucesiva a la formación de la estructura sinclinal por esfuerzos compresivo (2), la erosión ha desmantelado casi por completo los materiales del Santoniense, cuyo único vestigio queda relegado en la parte superior de los relieves.

Actualmente las laderas del Monte Vispieres presentan abundantes depósitos de coluviones, generados por los procesos de desmantelamiento.

LIG **23**

Interés: GEOMORFOLÓGICO
Localización: SUANCES

Masera de Suances

La Masera de Suances corresponde a otro relieve residual muy similar al Monte de Vispieres. Su origen es el mismo del Monte de Vispieres o del Cotero de Yuso, así como la edad y tipo de rocas.

En este caso, la forma del relieve es todavía más característica debido a los estratos de calizas que conforman la parte superior que, debido a la cercanía al eje del sinclinal, son prácticamente horizontales.

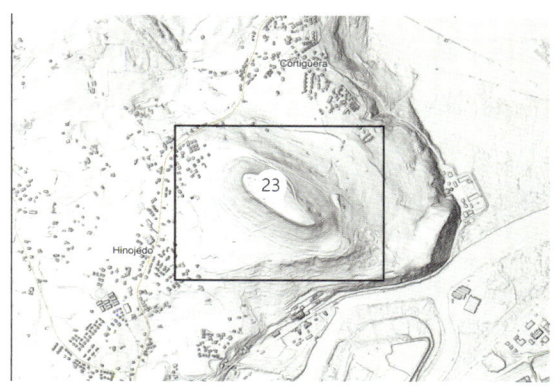

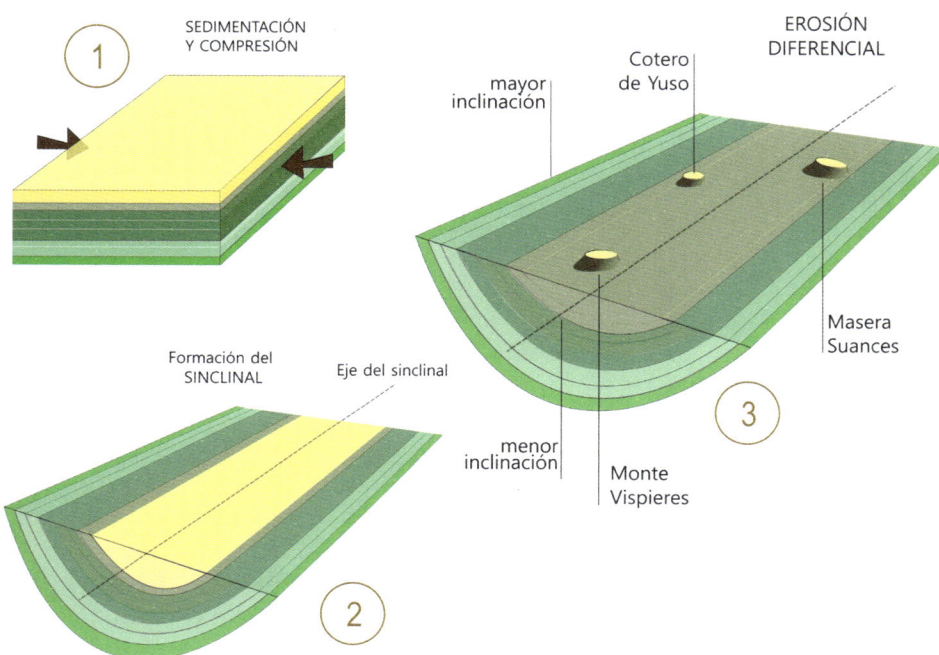

Una estructura sinclinal, como la que se muestra en el esquema, está caracterizada por un eje central de simetría cerca del cual la inclinación de los estratos es muy baja y va incrementándose alejándose del mismo.

Debido a la cercanía de los relieves residuales al eje del sinclinal, las rocas que los componen tienen una posición prácticamente horizontal que le confieren esa peculiar silueta.

LIG **24**

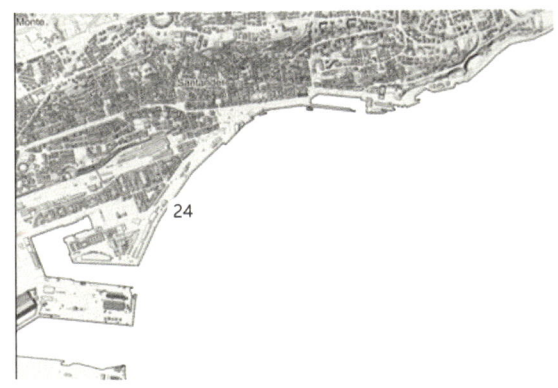

Bahía de Santander

La Bahía de Santander es una de las más grandes de Europa. Su origen se debe a la presencia de un diapiro salino.

De la misma forma que para el Pozo Tremeo y para la Playa de Usgo, los esfuerzos de compresión y la formación de fallas durante la Orogenia Alpina han favorecido el ascenso de materiales más antiguos (Triásico 200 Ma) y menos densos hacia la superficie formando un diapiro salino.

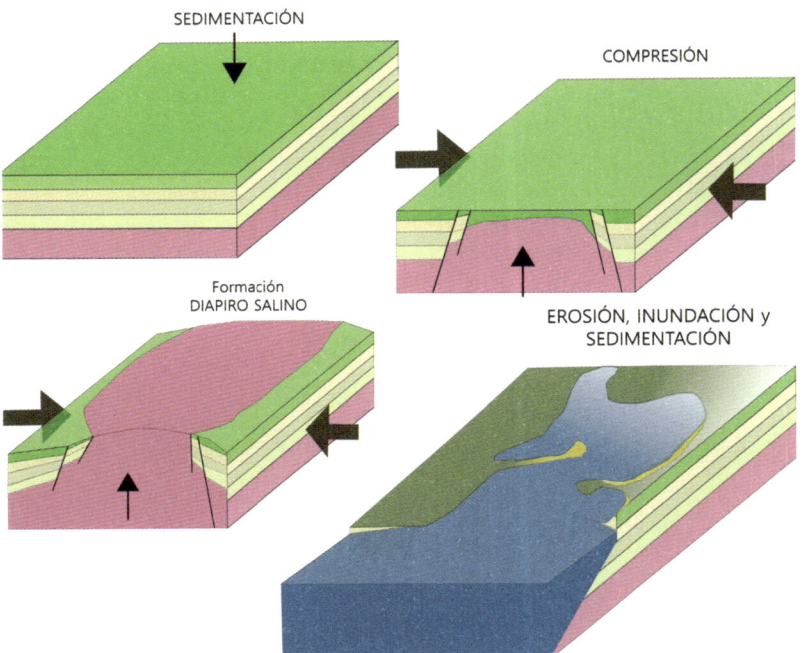

Los materiales que constituyen el diapiro (yesos, sales y arcillas) son muy erosionable con lo cual, su rápido desmantelamiento, ha generado una gran depresión que, una vez ocupada por el mar, ha formado la Bahía de Santander.

A lo largo de las últimas décadas, la bahía ha perdido hasta un 50 % de su superficie debido a actividades antrópicas.

LIG **25**

Interés: TECTÓNICO
Localización: SANTANDER

Isla de la Virgen del Mar

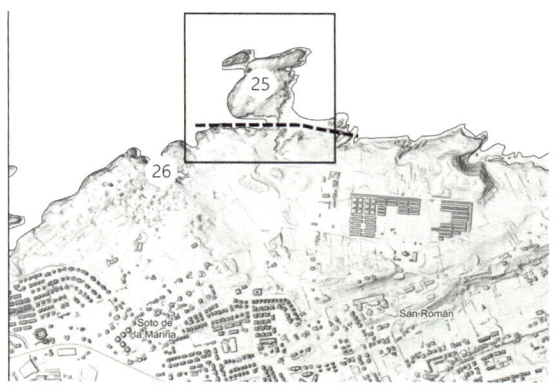

La Isla de la Virgen del Mar se encuentra próxima al núcleo del sinclinal de Santillana-San Román, la principal estructura geológica en forma de cubeta que se ha descrito en la introducción y que se tratará con más detalles en los LIG número 22, 24 y 27.

Está constituida por las rocas más modernas del Geoparque, unas calizas y calcarenitas del Eoceno inferior (56-46 Ma).

En dichas rocas son abundantes los restos fósiles, como esponjas y macroforaminíferos, organismos unicelulares que vivían sobre los fondos de los mares y océanos. Por otro lado, las esponjas fósiles están constituidas por sílex, y muy probablemente fueron utilizadas para construir puntas de flechas y otras herramientas durante el Paleolítico.

La Isla de la Virgen del Mar debe su configuración y separación de la costa por un canal que se ha labrado y formado a partir, muy probablemente, de una falla a lo largo de la cual tanto la erosión marina como la disolución de las calizas han sido más eficientes.

Las fallas, bastante frecuentes en el Geoparque, están asociadas al plegamiento de las rocas (fase tectónica) y que dio lugar al sinclinal.

Tanto en el mapa de ubicación como en la fotografía, se indica con línea discontinua la posición de la falla.

LIG 26

Interés: TECTÓNICO
Localización: SANTANDER/SANTA CRUZ DE BEZANA

Canal de Joz

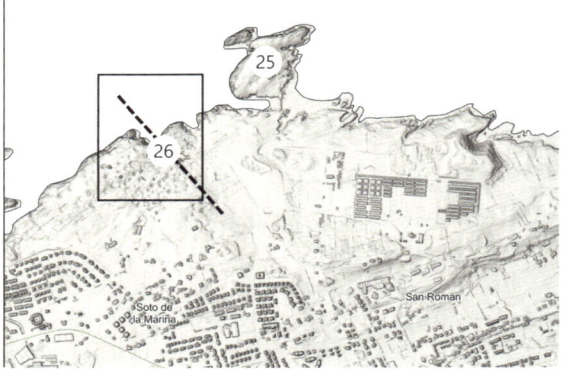

Como en el caso del LIG anterior (Virgen del Mar) este canal de corto desarrollo, pero constituido por acantilados muy elevados y verticales, se ha formado por la existencia de una falla en dirección NO-SE.

Las fallas, como los contactos entre diferentes rocas o las fracturas, corresponden a zonas en las cuales las rocas son más frágiles y erosionables.

A lo largo de dichas zonas los procesos erosivos de desmantelamiento de las rocas son más agresivos.

Los efectos erosivos sobre las rocas producidos por el oleaje, lluvia o la disolución de las calizas, son mucho más efectivos a lo largo de los planos fracturados y fallados.

Los acantilados generados por la erosión a lo largo de la falla son muy verticales y las calizas que los conforman son de la misma edad de las que constituyen la Isla de la Virgen del Mar.

En la parte final de la ensenada se está formado una pequeña playa, accesible únicamente durante la marea baja.

La formación de la playa está asociada a la pérdida de energía del oleaje que provoca el depósito del sedimento arrastrado.

LIG 27

Fallas del Monte Tolío

Interés: TECTÓNICO
Localización: PIÉLAGOS

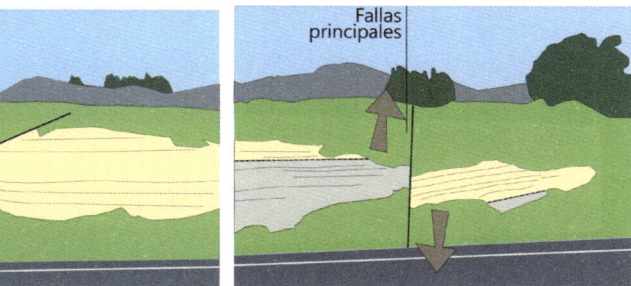

El Monte Tolío (también conocido como La Picota) representa la terminación del sinclinal de Santillana-San Román y, en su extremo norte, se pueden observar las fallas que se han generado en el momento de producirse el plegamiento de las rocas. En los esquemas se ilustran la formación del sinclinal y de las fallas, debido a esfuerzos de compresión (1, 2, 3 y 4), y los dos puntos a lo largos de la CA-231, en proximidad del Mirador del Abra del Pas, donde se pueden apreciar dos fallas y el movimiento relativo de los bloques generados a partir de la rotura.

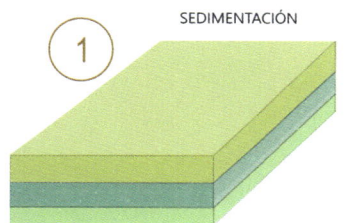

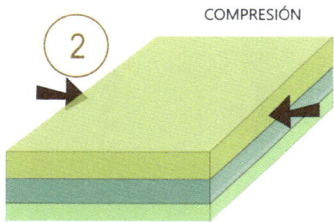

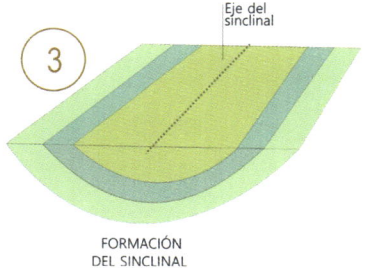

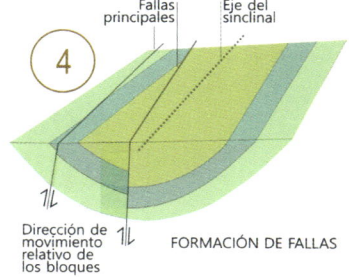

LIG **28**

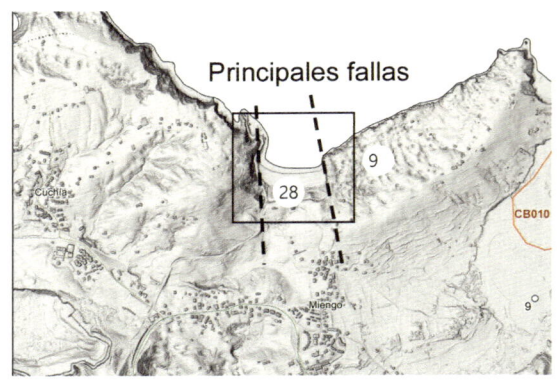

Diapiro de la playa de Usgo

Durante el período Triásico (200 Ma) el paisaje estaba conformado por islotes entre zonas marinas restringidas en las que se depositaron unos materiales terrígenos compuestos por arcillas y lutitas, así como por yesos y sales que precipitaron por las condiciones climáticas áridas que provocaron una importante evaporación.

Alrededor de hace 40 Ma el Geoparque se vio afectado por los movimientos tectónicos que dieron lugar a los principales relieves del norte de la Península Ibérica (Orogenia Alpina), caracterizados por grandes pliegues y fallas.

A favor de dichas fallas, como las que se encuentran rodeando la playa de Usgo, ascendieron hacia la superficie los materiales menos densos y más antiguos (Triásico) formando un Diapiro Salino y arrastrando hacia la superficie materiales más antiguos, como las calizas del Jurásico (160 Ma) que se observa al oeste de la playa.

Debido a la naturaleza de dichos materiales, muy erosionables, se genera una ensenada y posteriormente la formación de la playa.

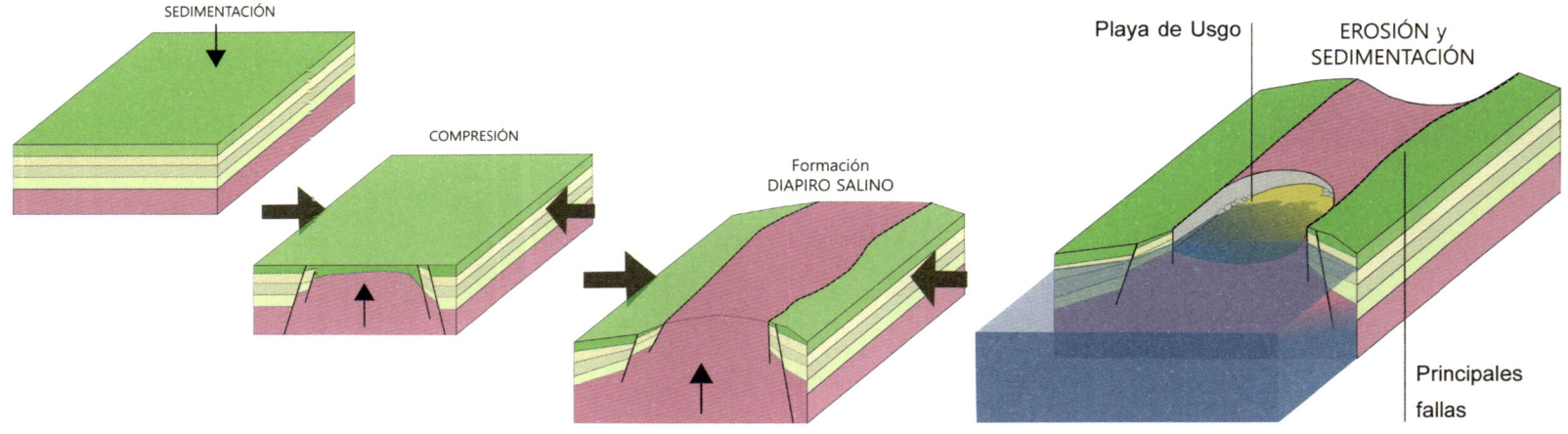

LIG **29**

Interés: TECTÓNICO
Localización: SANTILLANA DEL MAR

Anticlinal de Santa Justa

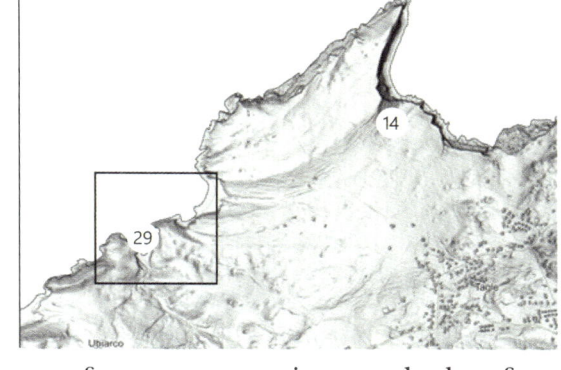

Corresponde a una pequeña forma que se ha generado por los esfuerzos tectónicos compresivos en el período de desarrollo de la Orogenia Alpina.

La estructura se denomina anticlinal, y corresponde a un pliegue convexo.

Los estratos de rocas han sido plegados por esfuerzos compresivos que las han fracturado y plegados hacia arriba. En este tipo de estructura las rocas más jóvenes se encuentran en los flancos y las más antiguas en el núcleo del pliegue.

Como es bastante frecuente por estos tipos de esfuerzos tectónicos, las rocas además de ser plegadas, son fracturadas.

El anticlinal de Santa Justa presenta una falla (fractura con desplazamiento) en su flanco meridional.

El carácter más interesante de esta estructura, constituida por Calcarenitas del Cenomaniense, es que el núcleo, compuesto por arenas y limos del Cenomaniense Inferior, ha sido erosionado por el oleaje.

El hueco dejado por la erosión ha sido ocupado por la construcción de una pequeña ermita del siglo XVI, para acoger las reliquias de las santas cristianas Justa y Rufina.

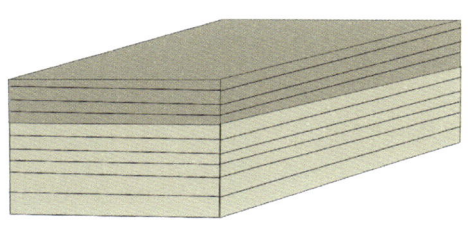

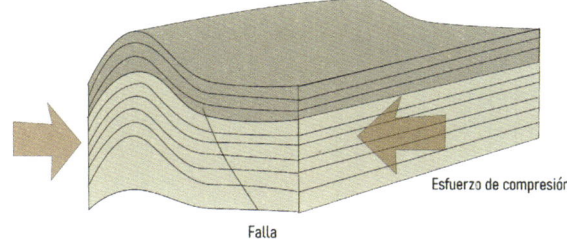

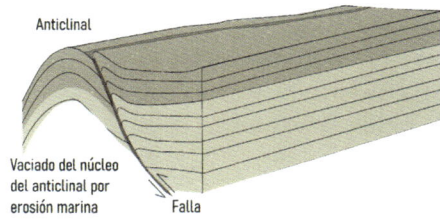

LIG **30**

Depresión litoestructural de Parbayón

La localidad de Parbayón se asienta sobre una depresión de origen lito-estructural, asociada a una estructura denominada diapiro.

Durante el período Triásico (200 Ma) se depositaron materiales terrígenos compuestos fundamentalmente por arcillas y lutitas acompañados de yesos y sales asociados a condiciones climáticas áridas que causaron una intensa evaporación de la cuenca sedimentaria marina en la cual estaban disueltos. Sobre ello se depositaron unidades del Cretácico Inferior de origen continental.

Hace alrededor de 40 Ma la zona del Geoparque se vio afectada por los movimientos que dieron lugar a la formación de los Pirineos, la Orogenia Alpina.

Dichos esfuerzos produjeron la formación de pliegues y fracturas a través de las cuales los materiales, más antiguos y menos densos, empezaron a fluir y ascender hacia la superficie originando lo que se define como un Diapiro.

Estos materiales, siendo menos densos y muy erosionables, han originado una depresión sobre la cual, actualmente, se encuentra la localidad de Parbayón.

Los yesos presentes en la zona, asociados a la estructura diapírica, fueron explotados en el pasado en una pequeña mina para la preparación de pigmentos.

PARA SABER MÁS

Bruschi V., Cendrero Uceda A., Díaz de Terán y Mira J. R., Francés Arriola E., Flor Pérez E. y González Lastra J. R. (2025). *Geoparque Mundial de la UNESCO Costa Quebrada, sector Santander-Liencres.* MyA Libros.

Bruschi V. M., Gil O., García I., Barba F. J., Flor-Blanco G. y Francés E. (2021). *Costa Quebrada Parque Geológico: Donde todo comenzó. ¡Feliz 10 cumpleaños Geolodía Cantabria!* Serie Geolodía, Sociedad Geológica de España.

Bruschi V. M., Gil O., García I., Barba F. J., Flor-Blanco G. y Francés E. (2019). *La Bahía de Santander. Una de las más grandes de Europa.* Serie Geolodía, Sociedad Geológica de España.

Bruschi V. M., Barba F. J., Remondo J., Cendrero Uceda A., Fernández G., Francés E., González-Díez A., Saiz de Omeñaca J., Rodríguez Mangas V., García Gándara C. y Fernández A. (2012). *El Madero y las dunas de Liencres: un paseo por el Cretácico de Cantabria.* Serie Geolodía, Sociedad Geológica de España.

Bruschi V. M. y Remondo J. (2010; 2011). *Una ventana a la Geología.* Serie Geolodía, Sociedad Geológica de España.

Flor G., Martínez Cedrún P. y Flor-Blanco G. (2015). *Campos dunares de Asturias, Cantabria y País Vasco. Las Dunas en España.* F. Javier Gracia Prieto (Eds.). Sociedad Española de Geomorfología.

IGME-Inventario de Lugares de Interés Geológico (IELIG) (https://info.igme.es/ielig/).

Ramírez del Pozo J., Portero García J. M., Olivé Davó A., Martín Alafont J. M., Aguilar Tomás M. J. y Giannini G. (1976). Hoja 34 - Torrelavega. *Mapa geológico de España*, E. 1:50.000 (IGME).

Ramírez del Pozo J., Portero García J. M., Olivé Davó A., Martín Alafont J. M., Aguilar Tomás M. J. y Giannini G. (1976). Hoja 35 - Santander. *Mapa geológico de España*, E. 1:50.000 (IGME).

Saiz de Omeñaca J., Flor Blanco G., Flor G., Barba Regidor F. J., Francés E. y Bruschi V. M. (2013). *La Península de la Magdalena.* Serie Geolodía, Sociedad Geológica de España.

Sánchez Carro M. Á y Bruschi V. (2016). *El lienzo geológico de la Cueva de Altamira.* Serie Geolodía, Sociedad Geológica de España.

AUTORES

Viola Bruschi es licenciada en Geología por la Università degli Studi di Modena e Reggio Emilia (Italia) y doctora en Geología por la Universidad de Cantabria. Es profesora de Geología Aplicada en la Escuela de Ingenieros de Caminos, Canales y Puertos de la Universidad de Cantabria y forma parte del Instituto Internacional de Investigaciones Prehistóricas.

Su actividad investigadora se ha desarrollado en la caracterización, puesta en valor y protección del Patrimonio Geológico. Actualmente es Directora Científica del Geoparque Mundial de la UNESCO de Costa Quebrada y coordinadora del Comité Científico, órgano consultor que define y planifica las líneas de investigación del geoparque.

Miguel Ángel Sánchez Carro es licenciado en Geología por la Universidad Complutense de Madrid y doctor en Geología por la Universidad de Cantabria.

Es profesor de Geología Aplicada en la Escuela de Ingenieros de Caminos, Canales y Puertos de la Universidad de Cantabria y forma parte del Instituto Internacional de Investigaciones Prehistóricas de Cantabria.

Su actividad investigadora se centra en la aplicación de estudios de riesgo geológico para la protección y conservación de cavidades con yacimientos prehistóricos. Es miembro del Comité Científico del Geoparque Mundial de la UNESCO de Costa Quebrada.

Marzo, 2026